中等职业学校工业和信息化精品系列教材

软·件·技·术

Python 程序设计

林世伟 张卓◎主编

姜泽波 王富宁◎副主编

人民邮电出版社

北 京

图书在版编目（CIP）数据

Python程序设计 / 林世伟，张卓主编. -- 北京：
人民邮电出版社，2024.1
中等职业学校工业和信息化精品系列教材
ISBN 978-7-115-62297-6

Ⅰ．①P… Ⅱ．①林… ②张… Ⅲ．①软件工具－程序
设计－中等专业学校－教材 Ⅳ．①TP311.561

中国国家版本馆CIP数据核字(2023)第127753号

内 容 提 要

Python 是一种跨平台、交互式、面向对象、解释型的计算机程序设计语言，它应用广泛，具有丰富和强大的库。
本书构建了模块化的课程结构，将 Python 程序设计按由易到难、由浅入深的规律分为 9 个教学单元；构建了理论知识与操作训练的层次化结构，每个模块的理论知识分为 3 个层次——入门知识、必修知识、拓展知识，每个模块的操作训练也分为 3 个层次——简单练习、实例训练、任务训练。本书遵循学生的认知规律和技能成长规律，充分考虑教学实施需求，针对引导学生主动学习、高效学习、快乐学习的目标选择教学内容、设置教学任务，以实现学会与会学的教学效果。

本书可以作为中等职业学校各专业 Python 程序设计课程的教材，也可以作为相关培训机构的培训教材及 Python 程序设计初学者的自学参考书。

- ◆ 主　　编　林世伟　张　卓
　　副主编　姜泽波　王富宁
　　责任编辑　桑　珊
　　责任印制　王　郁　焦志炜
- ◆ 人民邮电出版社出版发行　　北京市丰台区成寿寺路 11 号
　　邮编　100164　　电子邮件　315@ptpress.com.cn
　　网址　https://www.ptpress.com.cn
　　大厂回族自治县聚鑫印刷有限责任公司印刷
- ◆ 开本：889×1194　1/16
　　印张：14.75　　　　　　　　　　2024 年 1 月第 1 版
　　字数：336 千字　　　　　　　　2024 年 1 月河北第 1 次印刷

定价：59.80 元

读者服务热线：(010)81055256　印装质量热线：(010)81055316
反盗版热线：(010)81055315
广告经营许可证：京东市监广登字 20170147 号

前　言

FOREWORD

本书全面贯彻党的二十大精神，以社会主义核心价值观为引领，传承中华优秀传统文化，坚定文化自信，使内容更好体现时代性、把握规律性、富于创造性。

Python是一种跨平台、交互式、面向对象、解释型的计算机程序设计语言，具有丰富和强大的库，能够把用其他语言开发的各种模块很轻松地结合在一起。Python主要应用于Web和Internet开发、科学计算和统计、人工智能、大数据处理、网络爬虫、游戏开发、图形处理、界面开发等领域。对初级程序员而言，Python是一种很棒的语言，它支持广泛的应用程序开发，如从简单的文字处理到Web开发再到游戏开发，并且简单易学。

本书使用PyCharm作为Python程序的主要开发环境。PyCharm是深受欢迎、使用广泛的Python程序集成开发环境，其界面友好、功能丰富，既能用于Python入门级程序开发，也能用于Python专业应用项目的开发。

本书在教材模块化、层次化等方面做了大量有效的探索与实践，主要特色与创新如下。

1. 构建了模块化的课程结构

本书科学规划、构建教材内容，将Python程序设计按由易到难、由浅入深的规律分为9个单元：程序开发环境的构建与数据的输入/输出、基本数据类型与运算符的应用、逻辑运算与流程控制、序列数据操作与格式化输出、函数应用与模块化程序设计、类的定义与使用、文件操作与异常处理、数据库访问与使用、基于Flask框架的Web程序设计。

对每个模块中的知识点、技能点根据其重要程度、使用频率、掌握的必要性等要素进行合理取舍，对本书选取的使用频率高、必须掌握的知识点与技能点进行条理化处理，形成层次分明、结构清晰、方便学习的模块化结构。

2. 构建了理论知识与操作训练的层次化结构

每个单元设置4个教学环节：知识入门、循序渐进、知识扩展、单元测试。

每个单元的理论知识分为3个层次——入门知识、必修知识、拓展知识，每个模块的操作训练也分为3个层次——简单练习、实例训练、任务训练。

（1）理论知识的3个层次。

入门知识是每个单元公共的基础知识，是学习必修知识的前提，在"知识入门"环节学习。

必修知识是每个单元的重点内容，是必须理解、掌握，并需要灵活应用的知识，在"循序渐进"环节学习。

拓展知识有的是难度较高的知识，有的是从知识的完整性、系统性等方面考虑而列出的知识，有的是为学习能力较强的学习者提供的知识，在"知识扩展"环节学习。

（2）操作训练的 3 个层次。

简单练习：以单条语句方式，供学生对知识进行验证性练习，在 Python 提示符"＞＞＞"后输入语句，然后按【Enter】键就可执行语句并查看运行效果。

实例训练：本书提供了 83 个实例程序，以供学生对知识进行验证性训练和简单编程练习。学生可以在 IDLE 和 PyCharm 中编写程序，运行后查看结果。

任务训练：本书提供了 33 个任务程序，这些任务程序供学生根据待处理的数据或待解决的实际问题分析任务需求，应用相关知识编写程序、完成任务，运行程序并查看结果，主要训练知识应用能力和问题分析能力。

3. 遵循能力递进的教学规律

遵循学生的认知规律和技能成长规律，充分考虑教学实施需求，"任务训练"环节将真实工作任务转化、优化为课堂实施的教学任务，有利于提高教学效率和优化教学效果。本书合理设置各项学习型任务的难度和完成时间，形成能力递进的操作训练体系。学习 Python 程序设计知识的主要目的是应用所学理论知识解决实际问题，本书力求让学生在完成各项操作任务的过程中，在实际需求的驱动下学习知识、领悟知识和构建知识结构，最终熟练掌握知识，将其固化为能力。

4. 实现学会与会学的教学效果

针对引导学生主动学习、高效学习、快乐学习的目标选择教学内容、设置教学任务。课程教学的主要任务固然是训练技能、掌握知识，更重要的是要教会学生怎样学习、掌握科学的学习方法以提高学习效率。本书合理取舍教学内容、精心设计教学任务、科学优化教学方法，让学生体会学习的乐趣和成功的喜悦，在完成各项操作任务过程中提升技能、增长知识、学以致用，同时也养成良好的习惯，终生受益。

本书由林世伟、张卓任主编，姜泽波、王富宁任副主编。由于编者水平有限，教材中难免有疏漏之处，敬请读者批评指正。

编　者
2023 年 9 月

本 书 导 读

1. 关于本书使用的软件版本

本书使用 64 位的 Python 3.10.2 和 PyCharm 专业版作为程序开发环境进行编程训练。

2. 关于本书的标识约定

本书所有以"＞＞＞"开头的代码，表示在 Windows 命令提示符窗口的命令提示符"＞＞＞"后输入的代码，运行结果是在按【Enter】键后，Windows 命令提示符窗口中显示的代码运行结果。

本书命令或语句的基本语法格式中通常包含"＜＞"和"[]"两种符号，其中＜＞表示解释或提示性文字，在实际应用中使用变量名或语句替代；[]表示可选项，即有时包含相应选项或参数，有时可以省略。

3. 关于本书命令或语句的基本语法格式

本书涉及大量的命令或语句，其基本语法格式没有特意统一为中文或英文，而是根据实际情况合理使用中文或英文，更具灵活性和可读性。

目 录

CONTENTS

单元1

程序开发环境的构建与数据的输入/输出

01

Python是一种跨平台、交互式、面向对象、解释型的计算机程序设计语言，它具有丰富和强大的库，能够把用其他语言开发的各种模块很轻松地结合在一起。

PyCharm是深受欢迎、使用广泛的Python程序集成开发环境之一，其界面友好、功能丰富，适用于Python程序开发，既能用于入门级程序开发，也能用于专业项目的开发。本单元主要学习Python开发环境的搭建与测试，以及print()函数和input()函数的基本用法。

知识入门

1. Python 概述

Python 最初用于编写自动化脚本，随着版本的不断更新和新功能的添加，越来越多地被用于独立的大型项目的开发。Python 主要应用于以下领域：Web 和 Internet 开发、科学计算和统计、人工智能、大数据处理、网络爬虫、游戏开发、图形处理、界面开发等。

Python 的创始人为荷兰人吉多·范罗苏姆（Guido Van Rossum）。1989 年圣诞节期间，在阿姆斯特丹，他为了打发无趣时光，决心开发一个新的脚本解释程序作为 ABC 语言的一种继承，Python 便应运而生。Python 的名字取自英国 20 世纪 70 年代首播的电视喜剧《蒙提·派森的飞行马戏团》（Monty Python's Flying Circus）。Python 的标志如图 1-1 所示。

图1-1 Python的标志

2. Python 的主要特点

Python 主要具有以下特点。

（1）易于学习：Python 的关键字较少，结构简单，语法定义明确，学习起来更加容易。

（2）易于阅读：Python 代码的定义清晰，具有很强的可读性，具有比其他语言更有特色的语法结构。

（3）易于维护：Python 的一个成功之处在于它的源代码容易维护。

（4）拥有丰富的标准库：Python 最大的优势之一是拥有丰富的库，并且这些库都是跨平台的，在 UNIX、Windows 和 mac OS 等上都能兼容得很好。

（5）支持互动模式：Python 支持互动模式，它是一种可以从终端输入代码并运行以获得结果的语言，能进行互动的测试和代码片断调试。

（6）可移植：基于其开放源代码的特性，Python 可以被移植到多个平台使用。

（7）可嵌入：可以将 Python 嵌入 C/C++ 程序中，让 C/C++ 程序获得"脚本化"的能力。

（8）可扩展：如果需要一段运行很快的关键代码，或者想要编写一些不愿开放的算法程序，可以使用 C 语言或 C++ 完成这部分程序，然后在 Python 程序中进行调用。

（9）支持数据库应用：Python 提供主要商业数据库的接口。

（10）支持 GUI 编程：Python 支持图形用户界面（Graphical User Interface，GUI）编程，可以创建 GUI 并移植到许多系统中调用。

3. Python 程序的常用开发环境

Python 程序常用的开发环境主要有以下几个。

（1）IDLE：Python 内置的集成开发环境（Integrated Development Environment，IDE），随 Python 安装包提供。

（2）PyCharm：由 JetBrains 公司开发，带有一整套可以帮助用户在使用 Python 开发时提高效率的工具，例如项目管理、程序调试、语法高亮、代码跳转、智能提示、单元测试以及版本控制。

另外，EditPlus、UltraEdit 等通用的文本编辑器软件也能对 Python 代码编辑提供一定的支持，例如支持代码自动着色、快捷键等。

Python 主要有两个版本，分别为 2.x 版（简称 Python 2）和 3.x 版（简称 Python 3），本书使用的是 64 位 Python 3.10.2。

4. Python 程序的常用开发工具——PyCharm

Python 的 IDE 非常多，如 Visual Studio Code、Sublime Text、Python 自带的编辑器 IDLE、Jupyter、Eclipse+PyDev 等。PyCharm 是其中深受欢迎、使用非常广泛的 Python IDE，其界面友好、功能丰富。许多程序员选择使用 PyCharm 来开发简洁、易于使用的应用程序。无论是入门级程序开发还是专业项目的开发，都可以使用 PyCharm。

PyCharm 具有以下功能，在开发 Python 程序时更具优势。

（1）编码协助。PyCharm 提供了一个可补全代码、支持代码折叠和分割窗口的智能、可配置的编辑器，可帮助用户更快、更轻松地完成编写代码的工作。

（2）项目代码导航。PyCharm 可帮助用户从一个文件导航至另一个文件，从方法调用处导航至方法定义处，甚至可以穿过类的层次。若用户学会使用相应的快捷键，甚至能更快地导航。

（3）代码分析。用户可使用 PyCharm 的编程语法、错误高亮、智能检测以及一键式代码快速补全等功能优化代码。

（4）Python 重构。有了该功能，用户便能在项目范围内轻松地进行重命名，提取方法、变量、常量等，以及进行前推 / 后退重构。

（5）支持 Django。有了 PyCharm 自带的 HTML、CSS 和 JavaScript 编辑器，用户可以更快速地通过 Django 框架进行 Web 开发。此外，PyCharm 还支持 CoffeeScript、Mako 和 Jinja2。

（6）集成版本控制。登录、退出、视图拆分与合并等功能都集成在 PyCharm 统一的 VCS 用户界面中。

（7）具有图形页面调试器。用户可以用 PyCharm 自带的、功能全面的调试器对 Python 或者 Django 应用程序以及测试单元进行调整，该调试器自带断点、步进、多画面视图、窗口以及评估表达式等功能。

（8）集成的单元测试。用户可以在一个文件夹内运行一个测试文件、单个测试类、一个方法或者所有测试项目。

5. 交互式编程与脚本式编程

Python 的编程方式主要有交互式编程、脚本式编程两种。

（1）交互式编程。

打开命令提示符窗口，在窗口命令提示符"＞"后输入"python"命令来启动 Python 解释器，进入交互式编程，会出现 Python 提示符"＞＞＞"。

在 Python 提示符"＞＞＞"后输入以下语句，然后按【Enter】键查看运行效果。

```
print ("Hello, Python!")
```

以上语句的运行结果如下。

```
Hello, Python!
```

（2）脚本式编程。

先把 Python 语句写好，保存在扩展名为".py"的文件里，然后从外部调用这个文件。

将如下代码输入"hello.py"文件（保存路径为 D:\PyCharmProject\Test）中。

```
print ("Hello, Python!")
```

打开命令提示符窗口，然后在窗口命令提示符"＞"后输入以下命令运行该脚本文件。

```
python D:\PycharmProject\Test\hello.py
```

输出结果如下。

```
Hello, Python!
```

【注意】与交互式编程不同的是，不要在命令提示符窗口内输入"python"并按【Enter】键，而是直接在窗口命令提示符"＞"后输入命令运行脚本文件。

6. Python 3 默认的编码

在默认情况下，Python 3 源代码文件以 UTF-8 为编码，所有字符串都是 unicode 字符串。当然也可以为源代码文件指定不同的编码。

7. Python 标识符的基本要求

Python 标识符的基本要求如下。

（1）标识符中的第 1 个字符必须是字母表中的字母或下划线"_"。

（2）标识符从第 2 个字符开始可以是字母、数字或下划线"_"。

（3）标识符对大小写敏感。

（4）在 Python 3 中，非 ASCII 标识符是允许使用的。

8. Python 的保留字

保留字即关键字，是 Python 的专用单词，不能把它们用作任何标识符。如果使用关键字作为变量名，Python 解释器会报错。

Python 3 包含表 1-1 所示的 35 个关键字。

表1-1   Python 3的关键字

序号	关键字	序号	关键字	序号	关键字	序号	关键字	序号	关键字	序号	关键字
1	False	7	None	13	True	19	and	25	as	31	assert
2	async	8	await	14	break	20	class	26	continue	32	def
3	del	9	elif	15	else	21	except	27	finally	33	for
4	from	10	global	16	if	22	import	28	in	34	is
5	lambda	11	nonlocal	17	not	23	or	29	pass	35	raise
6	return	12	try	18	while	24	with	30	yield		

Python 的标准库提供了一个 keyword 模块，可用于查看当前版本的所有关键字。输入如下代码。

```
>>>import keyword          # 导入 keyword 模块
>>>keyword.kwlist          # 显示所有关键字
```

只要先导入 keyword 模块，然后调用 keyword.kwlist 即可查看 Python 包含的所有关键字。运行上面的代码，输出结果如下。

```
['False', 'None', 'True', 'and', 'as', 'assert', 'async', 'await', 'break', 'class',
'continue', 'def', 'del', 'elif', 'else', 'except', 'finally', 'for', 'from', 'global', 'if',
'import', 'in', 'is', 'lambda', 'nonlocal', 'not', 'or', 'pass', 'raise', 'return', 'try',
'while', 'with', 'yield']
```

上面这些关键字都不能作为变量名。

 循序渐进

1.1 搭建 Python 开发环境与使用 IDLE 编写 Python 程序

1.1.1 搭建 Python 开发环境

1. 下载与安装 Python

参考附录 1 介绍的方法，正确下载并安装 Python。

2. 测试 Python 是否成功安装

Python 安装完成后，需要检测 Python 是否成功安装。下面以 Windows 10 为例说明如何测试 Python 是否成功安装。

使用鼠标右键单击 Windows 10 桌面左下角的【开始】按钮，在弹出的快捷菜单中选择

【运行】命令，打开【运行】对话框，在【打开】输入框中输入 "cmd"，如图 1-2 所示。然后按【Enter】键，启动命令提示符窗口，在当前的命令提示符后面输入 "python"，并且按【Enter】键。若出现图 1-3 所示的信息，则说明 Python 安装成功，同时也进入交互式 Python 解释器中，命令提示符变为 ">>>"，等待用户输入 Python 语句。

图1-2　【运行】对话框

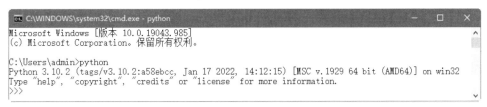

图1-3　命令提示符窗口中的信息

3．配置环境变量

如果在命令提示符后输入 "python"，并且按【Enter】键后没有出现图 1-3 所示的信息，而是显示 "'python' 不是内部或外部命令，也不是可运行的程序或批处理文件。"，其原因是在当前的路径中，找不到 "Python.exe" 可执行文件，解决方法是配置环境变量。这里以 Windows 10 为例介绍配置环境变量的方法，具体步骤如下。

（1）在 Windows 10 的桌面上找到【此电脑】图标。该图标默认不显示，在桌面上右击，在弹出的快捷菜单中选择【个性化】命令，在弹出的【设置】窗口中选择【主题】选项卡，然后在【相关的设置】区域选择【桌面图标设置】选项，在弹出的【桌面图标设置】对话框的【桌面图标】选项卡中勾选【计算机】复选框即可显示【此电脑】图标。右击【此电脑】图标，在弹出的快捷菜单中选择【属性】命令，在弹出的【系统】对话框中单击【高级系统设置】超链接，打开【系统属性】对话框。

（2）在图 1-4 所示的【系统属性】对话框中的【高级】选项卡中单击【环境变量】按钮。

此时将打开【环境变量】对话框，在【Administrator 的用户变量】区域，选择变量 "Path"，然后单击【编辑】按钮，打开【编辑环境变量】对话框。在该对话框中单击【新建】按钮，然后在输入框中输入变量值 "D:\Python\Python3.10.2\"，接着多次单击【上移】按钮，将该变量值移至第 1 行。再次单击【新建】按钮，然后在输入框中输入变量值 "D:\Python\Python3.10.2\Scripts\"，接着多次单击【上移】按钮，将该变量值移至第 2 行。

在【编辑环境变量】对话框中，单击【确定】按钮返回【环境变量】对话框。然后依次在【环境变量】对话框和【系统属性】对话框单击【确定】按钮完成环境变量的设置。

环境变量配置完成后，在命令提示符后输入 "python"，如果 Python 解释器可以成功运行，说明 Python 环境变量配置成功。

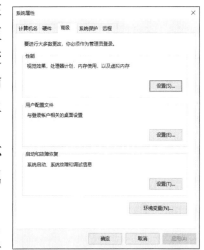

图1-4　【系统属性】对话框

4. 创建所需文件夹

在本地计算机 D 盘创建文件夹"PycharmProject"，本书所有的 Python 程序文件都存放在文件夹"PycharmProject"中。然后在文件夹"PycharmProject"中创建存放单元1的 Python 程序文件的子文件夹"Unit01"。

1.1.2　使用 IDLE 编写简单的 Python 程序

安装 Python 后，会自动安装 IDLE，IDLE 是一个 Python 自带的简洁的 IDE。也可以利用 IDLE Shell 编写 Python 程序并与 Python 进行交互。

在 Windows 10 任务栏中右击【开始】按钮，在弹出的快捷菜单中选择【搜索】命令，弹出搜索界面，在输入框中输入"IDLE"，显示相应的最佳匹配列表。然后在最佳匹配列表中选择【IDLE(Python 3.10 64-bit)】选项，即可打开 IDLE 窗口，如图 1-5 所示。

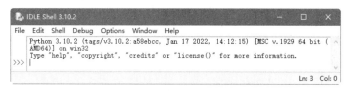

图1-5　【IDLE Shell 3.10.2】窗口

在【IDLE Shell 3.10.2】窗口中出现 Python 提示符">>>"，表示 Python 已经准备好了，等待用户输入 Python 代码。在 Python 提示符">>>"右侧输入代码时，每输入一条语句后按【Enter】键，就会运行该语句。

这里输入一条语句：print("Happy to learn Python Programming")，然后按【Enter】键，运行结果如图 1-6 所示。

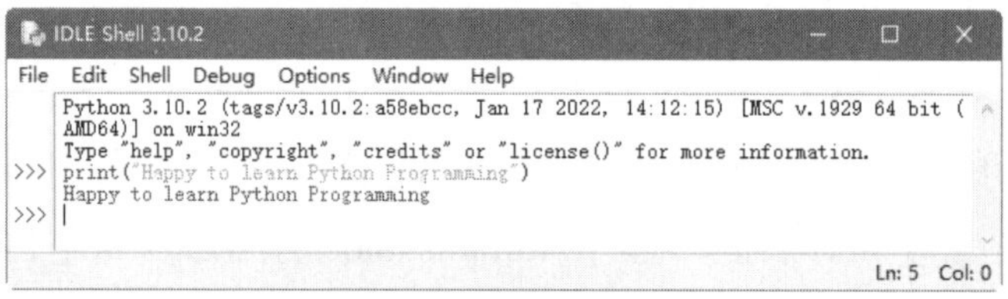

图1-6　运行结果

在实际开发程序时，通常一个 Python 程序不止一行代码，如果需要编写多行代码，可以创建一个文件保存这些代码，在全部编写完毕后，一起运行。

【任务 1-1】输出"Happy to learn Python Programming"

【任务描述】

（1）在 Python 的 IDLE 中编写 Python 程序文件"t1-1.py"，使用 print() 函数输出"Happy to learn Python Programming"信息。

（2）在 Python 的程序编辑窗口中运行程序文件"t1-1.py"，输出信息。

（3）在 Windows 的命令提示符窗口中运行程序文件"t1-1.py"，输出信息。

【任务实施】

（1）在 Python 的 IDLE 窗口中，选择【File】菜单，在弹出的下拉菜单中选择【New File】命令，打开一个【untitled】新窗口，如图 1-7 所示。在该窗口中，可以直接编写 Python 代码，在输入一行代码后按【Enter】键，将自动换到下一行，可继续输入代码。

（2）在【untitled】窗口中，输入以下代码。

```
print("Happy to learn Python Programming")
```

（3）在 Python 的程序编辑窗口中，选择【File】菜单，在弹出的下拉菜单中选择【Save】命令，将该程序文件保存到"D:\PycharmProject\Unit01"文件夹中，命名为"t1-1.py"，其中".py"为 Python 文件的扩展名。程序文件"t1-1.py"保存完成后如图 1-8 所示。

图1-7 新建的【untitled】窗口　　　图1-8 程序文件"t1-1.py"保存完成后的窗口

（4）运行 Python 程序文件。在 Python 的程序编辑窗口中，选择【Run】菜单，在弹出的下拉菜单中选择【Run Module】命令，运行结果如图 1-9 所示。

图1-9 程序文件"t1-1.py"的运行结果

（5）在 Windows 的命令提示符窗口中运行程序文件"t1-1.py"。

打开 Windows 的命令提示符窗口，然后在提示符后面输入以下命令。

```
Python  D:\PycharmProject\Unit01\t1-1.py
```

按【Enter】键即可运行程序文件"t1-1.py"，运行结果如图 1-10 所示。

图1-10 Windows命令提示符窗口中程序文件"t1-1.py"的运行结果

1.2 测试 PyCharm 与编写简单的 Python 程序

1.2.1 测试 PyCharm

参考附录 2 的方法，将 PyCharm 成功安装后，可以测试 PyCharm。

1. 运行 PyCharm

双击 Windows 桌面的 PyCharm 快捷方式图标，启动 PyCharm，打开【欢迎访问 PyCharm】窗口，在该窗口左侧选择【项目】选项，如图 1-11 所示。

图1-11　选择【项目】选项

2. 创建第 1 个 PyCharm 项目

在图 1-11 所示的【欢迎访问 PyCharm】窗口中，单击【新建项目】按钮，打开【新建项目】窗口，在该窗口左侧选择"纯 Python"选项，PyCharm 会自动为新项目文件设置一个存储位置。为了更好地管理项目文件，在【位置】输入框中输入自定义的存储路径，这里输入"D:\PycharmProject\Unit01"。

也可以通过单击【位置】输入框右侧的【浏览】按钮，打开【选择基目录】对话框，在该对话框中选择已有的文件夹或者新建文件夹，如图 1-12 所示。然后单击【确定】按钮，返回【新建项目】窗口。

在【新建项目】窗口中单击【Python 解释器:新 Virtualenv 环境】左侧的按钮，展开相关内容，选中【使用此工具新建环境】单选按钮，然后将【位置】【基本解释器】等相关设置都正确设置好。【位置】输入框中默认值为"D:\PycharmProject\Unit01\venv"，单击【基本解释器】输入框右侧的【浏览】按钮，在弹出的【选择 Python 解释器】对话框中选择"C:\Python\python.exe"，如图 1-13 所示。然后单击【确定】按钮，返回【新建项目】窗口。

图1-12　【选择基目录】窗口

图1-13　在【选择Python解释器】对话框中选择"C:\Python\python.exe"

在【新建项目】窗口中勾选【继承全局站点软件包】和【可用于所有项目】两个复选框，如图 1-14 所示。

图1-14　勾选相应复选框

相关设置都完成后，在【新建项目】窗口中单击【创建】按钮，完成第 1 个 PyCharm 项目"Unit01"的创建，然后打开图 1-15 所示的 PyCharm 窗口。

图1-15　PyCharm窗口

3. 显示工具栏

在默认状态下，工具栏处于隐藏状态，显示工具栏的方法如下。

在 PyCharm 窗口中选择【视图】菜单，在弹出的下拉菜单中选择【外观】-【工具栏】命令即可，如图 1-16 所示。

图1-16　选择【外观】-【工具栏】命令

4. 认识工具栏按钮

PyCharm 窗口中的工具栏如图 1-17 所示。

图1-17 工具栏

从左至右各按钮依次为【打开】、【保存】、【从磁盘全部重新加载】、【后退】、【前进】、【Code With Me】、【当前文件名】、【运行】、【调试】、【覆盖运行】、【配置文件】、【停止】、【随处搜索】、【IDE 和项目设置】和【集成的团队环境】。

5. 设置模板内容

在开发程序时，需要在代码中添加一些项目信息，例如开发者、开发时间、项目或文件名称、开发工具、中文编码等。

在【设置】对话框左侧展开【编辑器】选项，然后选择【文件和代码模板】选项，在对话框右侧选择【Python Script】选项，对模板内容进行编辑。

项目信息的通用编辑格式为：${<variable_name>}。

参照编辑格式输入以下代码。

```
# 开发人员: ${USER}
# 开发时间: ${DATE}
# 文件名称: ${NAME}.py
# 开发工具: ${PRODUCT_NAME}
# coding:UTF-8
```

其中"${USER}"表示当前系统用户名称，"${DATE}"表示当前开发时间，"${NAME}"表示文件名称，"${PRODUCT_NAME}"表示开发工具，"UTF-8"表示中文编码。

勾选【启用实时模板】复选框，如图 1-18 所示。单击【确定】按钮确认应用模板。

图1-18 勾选【启用实时模板】复选框

1.2.2 编写简单的 Python 程序

1. 新建 Python 程序文件

（1）在 PyCharm 窗口中右击已创建好的 PyCharm 项目"Unit01"，在弹出的快捷菜单中选择【新建】-【Python 文件】命令，如图 1-19 所示。

（2）在打开的【新建 Python 文件】对话框中输入 Python 文件名"test01"，如图 1-20 所示。然后双击【Python 文件】选项，完成 Python 程序文件的新建。刚才编写的模板内容会自动添加到代码窗口中。

图1-19 选择【新建】-【Python文件】命令

图1-20 设置Python文件名

2. 编写 Python 程序

在新建文件"test01.py"的代码编辑区域中已有模板注释内容下面输入如下代码。

```python
print("Happy to learn Python Programming")
```

【说明】在代码的编辑修改过程中，代码光标位置恢复（后退、向前）键只能恢复光标位置的代码，不能恢复之前的代码操作。可以使用【Ctrl+Z】组合键实现恢复操作和使用【Ctrl+Shift+Z】组合键实现重复操作。也可以使用【Edit】菜单的【Undo】命令实现恢复操作或者使用【Redo】命令实现重复操作。

3. 保存 Python 程序文件

在 PyCharm 窗口中选择【文件】菜单，在弹出的下拉菜单中选择【全部保存】命令，保存 Python 程序文件。也可以直接单击工具栏中的【保存】按钮，保存 Python 程序文件。

【说明】PyCharm 会自动定时对程序的编辑和修改进行保存。

4. 运行 Python 程序

在 PyCharm 窗口中选择【运行】菜单，在弹出的下拉菜单中选择【运行】命令，如图 1-21

所示。

在弹出的【运行】对话框中选择【test01】选项,如图 1-22 所示,程序 "test01.py" 开始运行。如果编写的代码没有错误,将显示如下的运行结果。

```
Happy to learn Python Programming
```

【说明】在编写 Python 代码时,有些代码下面会出现黄色小灯泡💡,这表示编辑器对代码有一些建议,例如添加注释等,但代码并没有错误,也不会影响代码的运行结果。

图1-21　在【运行】的下拉菜单
中选择【运行】命令

图1-22　在【运行】界面中选择
【test01】选项

如果程序已运行过一次,使用【Shift+F10】组合键、在【运行】下拉菜单中直接选择【运行 'test01'】命令或者单击工具栏中的【运行】按钮都可以直接运行程序。

5. 关闭 PyCharm 项目

在 PyCharm 窗口中选择【文件】菜单,在弹出的下拉菜单中选择【关闭项目】命令,关闭当前 PyCharm 项目,此时 PyCharm 窗口也被一同关闭,同时显示【欢迎访问 PyCharm】对话框。

6. 打开 PyCharm 项目

在【欢迎访问 PyCharm】对话框中单击【打开】按钮,打开【打开文件或项目】对话框,在该对话框中选择需要打开的 PyCharm 项目,这里选择的 PyCharm 项目为 "Unit01",如图 1-23 所示。

然后单击【确定】按钮即可打开所选项目,同时打开 PyCharm 窗口。

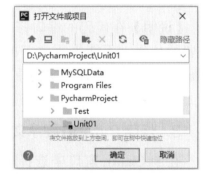

图1-23　在【打开文件或项目】对话框
选择PyCharm项目

7. 打开和编辑 Python 程序文件

对于当前已打开的 PyCharm 项目中的 Python 程序文件,直接在 PyCharm 窗口左侧的程序文件列表中双击对应的程序文件名称,即可打开程序文件并进行编辑。

对于当前处于关闭状态的 PyCharm 项目,可以在【文件】下拉菜单中选择【打开】命令,在弹出的【打开文件或项目】对话框中先打开对应项目,然后再打开 Python 程序文件。

【任务 1-2】输出"你好,请登录"的提示信息

【任务描述】

（1）在项目"Unit01"中创建 Python 程序文件"t1-2.py"。

（2）在 Python 程序文件"t1-2.py"中输入代码 : print(" 你好，请登录 ")。

（3）在 PyCharm 中运行程序文件"t1-2.py",输出信息 : 你好,请登录。

【任务实施】

1. 创建 Python 程序文件"t1-2.py"

在 PyCharm 窗口中右击已创建好的 PyCharm 项目"Unit01",在弹出的快捷菜单中选择【新建】-【Python 文件】命令。在打开的【新建 Python 文件】对话框中输入 Python 文件名"t1-2",然后双击【Python 文件】选项,完成 Python 程序文件的新建,同时 PyCharm 窗口中显示程序文件"t1-2.py"的代码编辑区域,在该程序文件的代码编辑区域中自动添加了前面编写的模板内容。

2. 编写 Python 代码

在文件"t1-2.py"的代码编辑区域中已有的模板注释内容下面输入如下代码。

```
print(" 你好，请登录 ")
```

单击工具栏中的【保存】按钮,保存程序文件"t1-2.py"。

3. 运行 Python 程序

在 PyCharm 窗口中选择【运行】菜单,在弹出的下拉菜单中选择【运行】命令。在弹出的【运行】对话框中选择【t1-2】选项,程序"t1-2.py"开始运行。

如果编写的代码没有错误,程序"t1-2.py"的运行结果如下所示。

```
你好，请登录
```

1.3　Python 程序的组成

1.3.1　Python 程序的基本要素

1. 行与缩进

Python 的一大特色是使用缩进来控制代码块,不需要使用大括号"{}"。缩进量是可变的,但是同一个代码块中的语句必须拥有相同的缩进量。

缩进可以使用空格键或者【Tab】键实现。使用空格键时,通常情况下采用 4 个空格作为基本缩进量,而使用【Tab】键时,则以按一次【Tab】键作为一个缩进量。

在 Python 中，对于流程控制语句、函数定义、类定义以及异常处理语句等，行尾的冒号和下一行的缩进表示一个代码块的开始，而下一行的缩进结束，则表示一个代码块的结束。

Python 对代码的缩进要求非常严格，同一个级别的代码块的缩进量必须相同。如果采用不合理的代码缩进，将抛出 SyntaxError 异常。

2. 空行

函数之间或类的方法之间用空行分隔，表示一段新代码的开始。类和函数入口之间也用一个空行分隔，以突出函数入口。

空行与代码缩进不同，空行并不是 Python 语法的要求。编写代码时不插入空行，Python 解释器运行也不会出错。空行的作用在于分隔两段不同功能或含义的代码，便于日后代码的维护或重构。

3. 多行语句

在 Python 中通常是一行写完一条语句，但如果语句很长，可以使用反斜杠 "\\" 来实现多行输入，但多行语句仍属于一条语句，例如以下代码。

```
total = item_one + \
        item_two + \
        item_three
```

在 []、{} 或 () 中的多行语句，不需要使用反斜杠 "\\"，例如以下代码。

```
total = ['item_one', 'item_two', 'item_three',
         'item_four', 'item_five']
```

4. 代码组

由缩进相同的一组语句构成的一个代码块称为代码组。

像 if、while、def 和 class 这样的复合语句，首行以关键字开始，以冒号 ":" 结束，该行之后的一行或多行代码构成代码组。首行及后面的代码组称为一个子句（Clause）。

例如以下代码。

```
if  <expression>:
    < statement1>
elif  <expression>:
    < statement2>
else :
    < statement3>
```

1.3.2 Python 程序的注释

注释是指在代码中对代码功能进行解释说明的提示性内容，可以增强代码的可读性。注释的内容会被 Python 解释器忽略，并不会在运行结果中体现出来。

在 Python 中，通常包括两种类型的注释，分别是单行注释和多行注释。

1. 单行注释

Python 中的单行注释使用 "#" 开头，直到换行为止，"#" 后面所有的内容都作为注释的内容而被 Python 解释器忽略。

单行注释可以放在要注释的代码的前一行，也可以放在要注释的代码的右侧。以下两种注释形式都是正确的。

第一种形式：

```
# 要求输入整数
num=imput("请输入购买数量：")
```

第二种形式：

```
num=imput("请输入购买数量：")            # 要求输入整数
```

2. 多行注释

多行注释通常用来为 Python 文件、模块、类或函数等添加版权信息、功能说明等。

（1）Python 中的多行注释可使用多个"#"。

例如以下代码。

```
# 开发人员：Administrator
# 开发时间：2022/12/20
# 文件名称：t1-2.py
# 开发工具：PyCharm
# coding:UTF-8
print("Hello, Python!")
```

（2）也可使用三引号（'''）或者 3 个英文双引号（"""）将多行注释内容引起来。

例如以下代码。

```
'''
这是多行注释，用三引号
这是多行注释，用三引号
这是多行注释，用三引号
'''
print("Hello, Python!")
"""
这是多行注释，用 3 个英文双引号
这是多行注释，用 3 个英文双引号
这是多行注释，用 3 个英文双引号
"""
print("Hello, Python!")
```

【任务 1-3】编写程序计算并输出金额

【任务描述】

（1）在 PyCharm 项目"Unit01"中创建 Python 程序文件"t1-3.py"。

（2）在 Python 程序文件"t1-3.py"中编写代码，实现以下功能。

给变量 number、price 赋值；计算金额并赋给变量 amount；使用 print() 函数分别输出变量 number、price、amount 的值。

（3）在 PyCharm 中运行程序文件"t1-3.py"，显示程序运行结果。

【任务实施】

（1）在 PyCharm 项目"Unit01"中创建 Python 程序文件"t1-3.py"。

（2）在 Python 程序文件"t1-3.py"中编写代码，实现所需功能，程序文件"t1-3.py"的代码如下所示。程序文件"t1-3.py"中的注释为使用 """ 实现的多行注释。

```
"""
开发人员：Administrator
开发时间：2022/12/20
文件名称：t1-3.py
开发工具：PyCharm
coding:UTF-8
"""
number=3
price=25.8
amount=number*price
print("  数量：",number)
print("  价格：",price,"元")
print("  金额：{:.2f}元".format(amount))
```

程序文件"t1-3.py"的运行结果如图 1-24 所示。

```
数量： 3
价格： 25.8 元
金额：77.40元
```

图1-24　程序文件"t1-3.py"的运行结果

1.4　print() 函数的基本用法

在 Python 中，使用内置函数 print() 可以将结果输出到 IDLE 或者标准控制台中。

1. print() 函数的基本语法格式

print() 函数的基本语法格式如下。

```
print(输出内容)
```

其中，输出内容可以是数值，也可以是字符串。如果输出内容是字符串，需要使用单引号或双引号引起来，此类内容将直接输出。如果输出内容是包含运算符的表达式，将输出计算结果。

输出内容也可以是 ASCII 值表示的字符，但需要使用 chr() 函数进行转换，例如输出字符 A，使用 print("A") 或者使用 print(chr(65)) 都可以实现。

2. 换行输出与不换行输出

在 Python 中，默认情况下，执行一条 print() 语句并输出内容后会自动换行，如果想要一次输出很多内容，而且不换行，print() 函数中需要加上 end=""，也可以将要输出的内容使用半角逗号","分隔。

【实例 1-1】使用 print() 函数实现换行输出

print() 函数默认情况下是换行输出的，实例 1-1 的代码如下所示。

```
x="a"
y="b"
print( x )
```

```
print( y )
```

实例 1-1 代码的运行结果如下。

```
a
b
```

【实例 1-2】使用 print() 函数实现不换行输出

实例 1-2 的代码如下所示。

```
x="a"
y="b"
print( x, end=" " )
print( y )
print( x , y )
```

实例 1-2 代码的运行结果如下。

```
a b
a b
```

3. 将输出的值转成字符串

如果希望将 print() 函数输出的值转成字符串，可以使用 str() 或 repr() 函数。

str() 函数用于返回一个用户易读的表达形式。

repr() 函数用于产生一个解释器易读的表达形式。

举例如下。

```
>>>num=123
>>>str(num)
```

运行结果如下。

```
'123'
```

```
>>>repr(num)
```

运行结果如下。

```
'123'
```

```
>>>str(1/8)
```

运行结果如下。

```
'0.125'
```

1.5　input() 函数的基本用法

Python 提供了 input() 内置函数，用于从标准输入中读入一行文本，默认的标准输入方式是键盘。

input() 函数的基本语法格式如下。

```
变量名 =input("<提示文字>")
```

其中，变量名为用于保存输入结果的变量，双引号内的提示文字用于提示要输入的内容。

举例如下。

```
>>>password = input("请输入你的密码:")
```

运行结果如下。

```
请输入你的密码: 123456
```

```
>>>print ("你输入的密码是：", password)
```

运行结果如下。

```
你输入的密码是：123456
```

在 Python 3 中，无论输入的是数字还是字符，输入内容都将作为字符串读取，如果想要接收的是数值，需要进行类型转换。例如，要将字符串转换为整型数据，可以使用 int() 函数。举例如下。

```
>>>num = input("请输入购买数量：")
```

运行结果如下。

```
请输入购买数量：3
```

```
>>>price=26.8
>>>print("{}件商品的总金额是：{}".format(num,int(num)*price))
```

运行结果如下。

```
3件商品的总金额是：80.4
```

【任务 1-4】编写程序，模拟实现京东倒计时界面的文字内容

【功能描述】

京东倒计时是京东商城的一种特卖活动，网页中京东倒计时的界面如图 1-25 所示。在 PyCharm 中编写程序，模拟实现图 1-25 所示的京东倒计时界面的文字内容。

【任务实施】

（1）在 PyCharm 项目 "Unit01" 中创建 Python 程序文件 "t1-4.py"。

（2）在 Python 程序文件 "t1-4.py" 中编写代码，实现所需功能，程序文件 "t1-4.py" 的代码如下所示。

图1-25 京东倒计时界面

```
# 输出京东倒计时界面的文字内容
print("      京东倒计时 ")
print("")
print("  16:00点场 倒计时 ")
print("")
hour=0
minute=47
second=13
print("{0}{1:02d}{2}".format("  ",hour," : "),end="")
print("{0}{1:02d}{2}".format(" ",minute," : "),end="")
print("{0}{1:02d}{2}".format(" ",second," "))
print("")
```

程序文件 "t1-4.py" 的运行结果如图 1-26 所示。

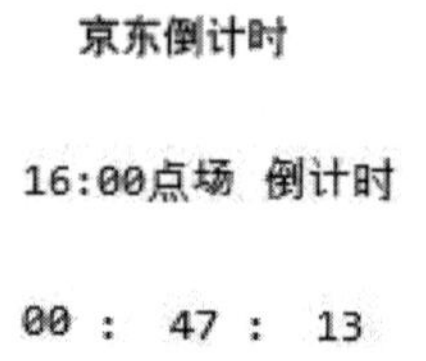

知识扩展

Python 3 提供的常用的内置函数如表 1-2 所示。

京东倒计时

16:00点场 倒计时

00 ： 47 ： 13

图1-26 程序文件 "t1-4.py" 的运行结果

表1-2　　　　　　　　　　　　　　　　Python 3的常用内置函数

序号	函数	序号	函数	序号	函数	序号	函数	序号	函数
1	abs()	15	dict()	29	help()	43	min()	57	setattr()
2	all()	16	dir()	30	hex()	44	next()	58	slice()
3	any()	17	divmod()	31	id()	45	object()	59	sorted()
4	ascii()	18	enumerate()	32	input()	46	oct()	60	staticmethod()
5	bin()	19	eval()	33	int()	47	open()	61	str()
6	bool()	20	exec()	34	isinstance()	48	ord()	62	sum()
7	bytearray()	21	filter()	35	issubclass()	49	pow()	63	super()
8	bytes()	22	float()	36	iter()	50	print()	64	tuple()
9	callable()	23	format()	37	len()	51	property()	65	type()
10	chr()	24	frozenset()	38	list()	52	range()	66	vars()
11	classmethod()	25	getattr()	39	locals()	53	repr()	67	zip()
12	compile()	26	globals()	40	map()	54	reversed()	68	__import__()
13	complex()	27	hasattr()	41	max()	55	round()		
14	delattr()	28	hash()	42	memoryview()	56	set()		

　　内置函数的名称通常不作为标识符，如果使用某个内置函数的名字作为标识符，Python解释器不会报错，只是该内置函数就会被这个标识符覆盖，不能使用了。

单元测试

1. 选择题

（1）Python是一种优秀并被广泛使用的语言，得到行内众多领域的认可，下列属于Python主要应用领域的是（　　　）。

　　A. 人工智能　　　　　　　　　B. 科学计算和统计

　　C. 大数据处理　　　　　　　　D. 游戏开发

（2）Python语言具有的特点是（　　　）。

　　A. 交互式　　　　B. 解释型　　　　C. 面向对象　　　　D. 服务端语言

（3）Python语句块的标记是（　　　）。

　　A. 分号　　　　　B. 逗号　　　　　C. 缩进　　　　　D. /

（4）Python安装好之后，可以有多种方式运行，下列不可行的运行方式是（　　　）。

　　A. 在浏览器中运行　　　　　　B. 交互式解释器

　　C. 命令行脚本　　　　　　　　D. 在PyCharm中运行

（5）Python解释器执行 '{0},{2},{1}'.format('a','b','c') 的结果为（　　　）。

　　A. 'a,b,c'　　　　B. 'a,c,c'　　　　C. 'a,c,b'　　　　D. 'c,c,b'

（6）在Python 3中执行如下语句后得到的结果是（　　　）。

```
>>>word="Python"
```

```
>>>print "hello "+ word
```

    A. hello Python   B. "hello" Python

    C. hello word   D. 语法错误

2. 填空题

（1）编程语言对应的程序文件通常有固定的扩展名，Python 程序文件的扩展名通常为＿＿＿＿＿＿＿。

（2）Python 安装扩展库常用的是＿＿＿＿＿＿＿工具。

（3）使用 pip 工具查看当前已安装的 Python 扩展库的完整命令是＿＿＿＿＿＿＿。

（4）在 IDLE 交互模式中浏览上一条语句的快捷键是＿＿＿＿＿＿＿。

（5）在 Python 中，使用内置函数＿＿＿＿＿＿＿可以将结果输出到 IDLE 或者标准控制台中。

（6）Python 的编程方式主要有＿＿＿＿＿＿＿编程、脚本式编程两种。

（7）在 Python 中关键字都不能作为变量名，在程序中先导入 keyword 模块，然后调用＿＿＿＿＿＿＿即可查看 Python 包含的所有关键字。

（8）在 Python 的 IDLE 窗口中出现＿＿＿＿＿＿＿Python 提示符时，表示 Python 已经准备好了，等待用户输入 Python 代码。

（9）Python 提供了＿＿＿＿＿＿＿内置函数，用于从标准输入中读入一行文本，默认的标准输入方式是键盘。

（10）在 Python 3 中语句 print(1, 2, 3, sep=',') 的输出结果为＿＿＿＿＿＿＿。

3. 判断题

（1）Python 是一种跨平台、开源、免费的高级动态编程语言。   （   ）

（2）Python 3.x 完全兼容 Python 2.x。   （   ）

（3）在 Windows 操作系统上编写的 Python 程序无法在 UNIX 操作系统上运行。（   ）

（4）不可以在同一台计算机上安装多个版本的 Python。   （   ）

（5）pip 命令也支持通过扩展名为 ".whl" 的文件直接安装 Python 扩展库。（   ）

（6）Python 使用缩进来体现代码之间的逻辑关系。   （   ）

（7）Python 代码的注释只有一种方式，那就是使用 "#" 符号。   （   ）

（8）为了让代码更加紧凑，编写 Python 代码时应尽量避免加入空格和空行。（   ）

（9）Python 程序只能在安装了 Python 环境的计算机上以源代码的形式运行。（   ）

（10）在 Python 3.x 中，使用内置函数 input() 接收用户输入内容时，不论用户输入的内容是什么格式，一律按字符串返回。   （   ）

（11）安装 Python 扩展库时只能使用 pip 工具，如果安装不成功就没有别的办法了。

         （   ）

单元2

基本数据类型与运算符的应用

Python程序存储、运算与处理的数据有多种不同的表现形式，即数据类型不同。在进行数据运算与处理时，原始数据、中间结果和最终结果都必须占用一定的内存空间，即分配一定的存储单元，不同类型的数据占用的内存大小也会有所不同。本单元主要学习Python 3的基本数据类型、算术运算符及其应用、赋值运算符与变量、Python 3的日期时间函数。

 知识入门

1. Python 的编程规范

Python 基本的编程规范如下。

（1）通常每个 import 语句只导入一个模块，尽量避免一次导入多个模块。

（2）不要在行尾添加分号";"，也不要将两条语句写在同一行中间用分号";"隔开。

（3）建议每行不超过 80 个字符，如果超过，可使用小括号"()"将多行内容隐式连接起来，不推荐使用反斜杠"\"进行连接。例如一个字符串文本在一行中显示不完，则可以使用小括号"()"将其分行显示。一般情况不使用反斜杠"\"进行连接，但导入模块的语句过长、注释里的 URL 过长这种情况例外。

（4）使用必要的空行可以增强代码的可读性。一般在函数或者类的定义之间空两行，在类中的方法的定义之间空一行。另外，在分隔某些功能的位置也可以空一行。

（5）通常情况下，运算符两侧、函数参数之间、半角逗号","两侧都建议使用一个空格进行分隔。

（6）尽量避免在循环结构中使用"+"和"+="运算符累加字符串，这是因为字符串是不可变的，这样做会创建不必要的临时对象。推荐将每个子字符加入列表，然后在循环结束后使用 join() 方法连接列表。

（7）适当使用异常处理结构增强程序容错性，但不能过多依赖异常处理结构，适当的显式判断是必要的。

2. 计算机程序中标识符的命名规则

计算机程序中常用的标识符命名规则包括小驼峰法命名规则、大驼峰法命名规则、匈牙利命名规则、下划线法命名规则 4 种。

（1）小驼峰法命名规则。

当标识符由一个或多个英文单词组成，可使用小驼峰法命名，将第1个单词全部小写，从第2个单词开始每个单词的首字母都采用大写，即每一个逻辑断点都由一个大写字母来标记。

变量、函数名称、类的属性与方法名称一般用小驼峰法标识。

例如 studentCount、produceDate、commodityPrice、printEmployeePaychecks()。

（2）大驼峰法命名规则。

大驼峰法也称为帕斯卡命名法，与小驼峰法不同的是，大驼峰法把每个单词的首字母都大写，例如 DataBaseUser、StudentInfomation。

类名、命名空间名称一般用大驼峰法标识。

（3）匈牙利命名规则。

匈牙利命名规则的基本组成为：属性 + 类型 + 对象描述。

使用匈牙利命名规则，标识符以一个或者多个小写字母开头作为前缀，前缀之后是首字母大写的一个单词或多个单词的组合。匈牙利命名法通过在变量名前面加上相应的小写字母作为前缀，标识变量的作用域、类型等。

例如 stuName 用的是小驼峰命名法、StuName 用的是大驼峰命名法、iStuName 用的是匈牙利命名法。

（4）下划线法命名规则。

当标识符由多个英文单词组成，可使用下划线命名法，在每个单词之前使用一个下划线来分隔，即每一个逻辑断点都由一个下划线来标记。

例如 stu_name、print_employee_paychecks()。

3. Python 标识符的命名规划

简单地理解，标识符就是一个名字，就好像我们每个人都有属于自己的名字，它的主要作用就是作为变量、函数、类、模块以及其他对象的名称。

标识符的格式必须统一，这样才方便不同人编写和阅读。Python 的标识符就是用于给程序中的变量、类、方法命名的符号（简单来说，标识符就是合法的名字）。使用标识符时，需要遵守一些规则，违反这些规则将引发错误。

Python 中标识符的命名规则如下。

（1）标识符中的第1个字符必须是字母（A ～ Z 和 a ～ z）或下划线（_），第1个字符之后可以跟任意数量的字母、数字和下划线（_）。

（2）Python 中的标识符不能以数字开头，也不能包含空格、@、% 以及 $ 等特殊字符。

（3）由于 Python 3 支持 UTF-8 字符集，因此 Python 3 的标识符可以使用 UTF-8 能表示的多种语言的字符。在 Python 3 中，非 ASCII 标识符也是允许的，标识符中的字母并不局限于 26 个英文字母，可以包含汉字、日文字符等，但尽量不要使用汉字作为标识符。

（4）Python 中的标识符对大小写敏感。

在 Python 中，标识符中的字母是严格区分大小写的，也就是说，两个同样的单词，如果大小写格式不一样，代表的意义是完全不同的，abc 和 Abc 是两个不同的标识符。例如，下面这 3 个变量之间就是完全独立、毫无关系的。

```
number = 0
Number = 0
NUMBER = 0
```

（5）Python 2.x 对中文的支持较差，如果要在 Python 2.x 程序中使用中文字符或中文变量，则需要在 Python 源程序的第 1 行增加 "#coding:utf-8"，当然别忘了将源文件的字符集设置为 UTF-8。

（6）不能将 Python 关键字和内置函数名作为标识符，例如 print 等。但标识符名称中可以包含关键字。

例如标识符 abc_xyz、HelloWorld、abc、abc1、UserID、name、mode12、user_age 是合法的，xyz#abc（标识符中不允许出现 "#" 符号）、$money（不能包含特殊字符 "$"）、4abc（标识符不允许以数字开头）、try（try 是关键字，不能作为标识符）是不合法的。

（7）在 Python 中，以下划线开头的标识符有特殊含义。

因此，除非特定场景需要，应避免使用以下划线开头的标识符。

例如，以单下划线开头的标识符（如 _width）表示不能直接访问的类属性，无法通过 from … import * 的方式导入；以双下划线开头的标识符（如 __add）表示类的私有成员；以双下划线作为开头和结尾的标识符（如 __init__）是专用标识符。

（8）不要使用以双下划线开头和结尾的标识符，这是 Python 专用的标识符。另外，避免使用小写 l、大写 O 和大写 I 作为变量名。

除了以上这几条规则，不同场景中的标识符命名也有一定的规则。当标识符用作模块名时，应尽量短小，并且全部使用小写字母，可以使用下划线分隔多个字母，例如 game_main、game_register 等。当标识符用作包的名称时，应尽量短小，也全部使用小写字母，不推荐使用下划线，例如 mypackage.book 等。当标识符用作类名时，应采用单词首字母大写的形式。例如，定义一个图书类，可以将其命名为 Book。模块内部的类名，可以采用 "下划线 + 首字母大写" 的形式，如 _Book。函数名、类中的属性名和方法名，应全部使用小写字母，多个单词之间可以用下划线分隔。常量名应全部使用大写字母，单词之间可以用下划线分隔。

4．本书中 Python 程序的命名约定

命名规范在编写代码时起到很重要的作用，遵守命名规范有助于更加直观地了解代码代表的含义。本书中 Python 程序的命名约定如下。

（1）常量名称全部采用大写字母。如果常量名称由多个独立单词组合而成，则使用下划线 "_" 分隔单词。例如 YEAR 和 WEEK_OF_MONTH。

（2）类名使用大驼峰法，首字母采用大写形式。如果类名由多个独立单词组合而成，可以使用下划线 "_" 分隔单词，也可以将每个独立单词大写。

异常名：异常属于类，其命名规则与类相同，通常使用 Error 作为后缀，例如 FileNotFoundError。

（3）项目名称首字母采用大写形式，尽量简短，不推荐使用下划线。

（4）包名全部使用小写字母，尽量简短，不推荐使用下划线，例如 mypackage。文件名全部使用小写字母，可使用下划线。

（5）模块名全部使用小写字母，尽量简短，如果由多个单词构成，可以使用下划线分隔多个单词。

（6）函数名、类的属性名和方法名全部使用小写字母，多个单词之间使用下划线"_"或大写字母分隔。变量名全部使用小写字母，如果由多个单词构成，可以用下划线或大写字母分隔单词。

（7）模块或函数内部受保护的模块变量名或函数名使用单下划线"_"开头。

（8）类内部私有的类实例属性名或方法名使用双下划线"__"开头。

循序渐进

2.1　Python 3 的基本数据类型

2.1.1　6 个基本数据类型

Python 3 中有 6 个标准的数据类型：Number（数值）、String（字符串）、List（列表）、Tuple（元组）、Set（集合）、Dictionary（字典）。本单元主要学习 Number（数值）类型，其他 5 种数据类型将在第 4 单元学习。

Python 3 的 6 个标准数据类型中，不可变的有 3 个，包括 Number（数值）、String（字符串）、Tuple（元组）；可变的有 3 个，包括 List（列表）、Dictionary（字典）、Set（集合）。下面简单介绍数值类型和字符串类型。

（1）数值。

Python 3 中的数值有 4 种类型：int（整型，如 3）、float（浮点型，如 1.23、3E-2）、complex（复数型，如 1 + 2j、1.1 + 2.2j）和 bool（布尔型，如 True）。

（2）字符串。

Python 中单引号和双引号的使用方法完全相同，使用三引号（'''）或者 3 个英文双引号（"""）可以指定一个多行字符串。Python 没有单独的字符类型，一个字符就是一个长度为 1 的字符串。

以下是正确的字符串表示方式。

```
word = '字符串'
sentence = "这是一个句子。"
paragraph = """这是一个段落，
               可以由多行组成"""
```

反斜杠"\"可以用来转义字符，通过在字符串前加"r"或"R"可以让反斜杠不发生转义。例如执行 r"this is a line with \n" 语句，则"\n"会显示，并不会换行。Python 允许处理 unicode 字符串，为其加前缀"u"或"U"即可，例如 u"this is an unicode string"。

字符串可以按字面自动连接，例如 "this " "is " "string" 会被自动转换为 "this is string"。字符串可以用运算符"+"连接在一起，用运算符"*"重复显示。

2.1.2 Python 3 的数值类型

Python 3 的数值型数据类型用于存储数字形式的数值，就像大多数编程语言一样，数值类型的赋值和计算都是很直观的。

1. 整型（int）

int 通常被称为整型，可用于表示正整数、负整数和 0，不带小数点。Python 3 的整型是没有限制大小的，可以当作 long 类型使用，Python 3 只有一种整数类型，并没有 Python 2 中的 long 类型。

整数可以使用十进制、十六进制、八进制和二进制来表示。

示例如下。

```
>>>a,b,c=10,100,-786   #十进制
>>>a,b,c
```

运行结果如下。

```
(10, 100, -786)
```

```
>>>number = 0xA0F      #十六进制以 0x 或 0X 开头，由 0～9、A～F 组成
>>>number
```

运行结果如下。

```
2575
```

```
>>>number=0o37         #八进制以 0o 或 0O 开头，由 0～7 组成
>>> number
```

运行结果如下。

```
31
```

2. 浮点型（float）

浮点型数据由整数部分与小数部分组成，浮点型数据也可以使用科学计数法表示，例如 0.5、1.414、1.732、3.1415926、5e2。

3. 复数型（complex）

Python 还支持复数，复数由实数部分和虚数部分构成，虚数部分使用 j 或 J 表示，可以用 a + bj 或 complex(a,b) 形式表示，复数的实部 a 和虚部 b 都是浮点型，例如 2.31+6.98j。

4. 布尔型（bool）

在 Python 2 中是没有布尔型的，用数字 0 表示 False，用 1 表示 True。在 Python 3 中，True 和 False 被定义成关键字，但它们的值还是 1 和 0，可以和数字相加。

2.1.3 Python 3 数据类型的判断

1. 使用函数 type() 判断变量所指的对象类型

函数 type() 可以用来判断变量所指的对象类型，示例如下。

```
>>>a, b, c, d = 20, 5.6, 4+3j, True
>>>print(type(a), type(b), type(c), type(d))
```

运行结果如下。

```
<class 'int'> <class 'float'> <class 'complex'> <class 'bool'>
```

2. 使用 isinstance() 判断变量所指的对象类型

函数 isinstance() 也可以用来判断变量所指的对象类型，示例如下。

```
>>>x = 123
>>>isinstance(x, int)
True
```

2.1.4 Python 数据类型的转换

编写 Python 程序时，需要对数据类型进行转换，只需要将数据类型作为函数名即可。表2-1 所示的内置函数可用于数据类型之间的转换，这些函数返回一个新的对象，表示转换后的值。

表2-1   Python中常用的类型转换函数及说明

序号	函数	说明
1	int(x[,base])	将 x 转换为一个整数
2	float(x)	将 x 转换为一个浮点数
3	complex(real[,imag])	创建一个复数
4	complex(x)	将 x 转换为一个复数，实数部分为 x，虚数部分为 0
5	complex(x,y)	将 x 和 y 转换为一个复数，实数部分为 x，虚数部分为 y。x 和 y 是数字表达式
6	str(x)	将对象 x 转换为字符串
7	repr(x)	将对象 x 转换为表达式字符串
8	eval(str)	计算字符串中有效的 Python 表达式，并返回一个对象
9	tuple(s)	将序列 s 转换为一个元组
10	list(s)	将序列 s 转换为一个列表
11	set(s)	将序列 s 转换为一个可变集合
12	dict(d)	将序列 d 创建一个字典，d 必须是一个 (key,value) 元组序列
13	frozenset(s)	将序列 s 转换为一个不可变集合
14	chr(x)	将一个整数转换为对应的字符
15	ord(x)	将一个字符转换为它对应的整数值
16	hex(x)	将一个整数转换为一个对应的十六进制字符串
17	oct(x)	将一个整数转换为一个对应的八进制字符串

2.2 Python 的算术运算符及其应用

运算符是一些特殊的符号，主要用于数学计算、比较运算和逻辑运算等。Python 支持以下类型的运算符：算术运算符、赋值运算符、比较（关系）运算符、逻辑运算符、位运算符、成员运算符、身份运算符。使用运算符将数据按照一定的规则连接起来形成的算式，称为表达式。例如，使用算术运算符连接起来的算式称为算术表达式，使用比较（关系）运算符连接起来的算式称为比较（关系）表达式，使用逻辑运算符连接起来的算式称为逻辑表达式。

比较（关系）表达式和逻辑表达式通常用作选择结构和循环结构的条件语句，位运算符、比较（关系）运算符、逻辑运算符以及对应的表达式将在第 3 单元学习，本单元重点学习算术运算符及算术表达式。

2.2.1　Python 的算术运算符及运算优先级

1. Python 的算术运算符

Python 的算术运算符及示例如表 2-2 所示。

表2-2　　　　　　　　　　Python的算术运算符及示例

运算符	名称	说明	示例	输出结果
+	加	两个数相加	21+10	31
−	减	负数或是一个数减去另一个数	21−10	11
*	乘	两个数相乘或返回一个重复若干次的字符串	21*10	210
/	除	一个数除以另一个数	21/10	2.1
%	取模	返回除法运算的余数，如果除数（第 2 个操作数）是负数，那么结果也是一个负数	21%10	1
			21%(-10)	−9
**	幂	返回一个数的若干次幂	21**2	441
//	取整除	返回商的整数部分	21//2	10
			21.0//2.0	10.0
			−21//2	−11

2. Python 算术运算符的运算优先级

Python 算术运算符的运算优先级按由高到低的顺序排列如下。

```
第 1 级: **。
第 2 级: *、/、%、//。
第 3 级: +、-。
```

同级运算符从左至右计算，可以使用"()"调整运算的优先级，加"()"的部分优先计算。

【注意】使用除法（/ 或 //）运算符和取模运算符（%）时，除数不能为 0，否则会出现异常。

2.2.2　Python 的算术表达式

Python 的算术表达式由数值类型数据与 +、−、*、/ 等算术运算符组成，小括号可以用来为运算分组。

1. 包含单一算术运算符的算术表达式

包含单一算术运算符的算术表达式的示例如下。

```
>>>5 + 4    #加法
9
>>>4.3 - 2    #减法
2.3
>>>3 * 7    #乘法
21
>>>2 / 4    #除法，得到一个浮点数
0.5
>>>8 / 5    #总是返回一个浮点数
1.6
>>>17 % 3    #%操作符返回除法的余数
2
```

【注意】在不同的计算机上，浮点数运算的结果可能会不一样。

Python 可以使用 "**" 运算符来进行幂运算，示例如下。

```
>>>5 ** 2   #5 的平方
25
>>>2 ** 5   #2 的 5 次方
32
```

Python 完全支持浮点数，不同类型的数值进行混合运算时，Python 会把整数转换为浮点数。

2. 包含多种算术运算符的算术表达式

包含多种算术运算符的算术表达式的示例如下。

```
>>>5 * 3 + 2
17
>>>50 - 5*6
20
>>>(50 - 5*6) / 4
5.0
>>>3 * 3.75 / 1.5
7.5
```

3. 数值的除法与取整除

数值的除法有两种运算符，若使用 "/" 运算符进行除法运算，返回一个浮点数；如果只想得到整数的结果，丢弃小数部分，可以使用 "//" 运算符。

除法与取整除的示例如下。

```
>>>7.0 / 2
3.5
>>>17 / 3    #返回浮点数
5.666666666666667
>>>17 // 3   #返回向下取整后的结果
5
>>>2 // 4    #得到一个整数
0
```

【注意】通过 "//" 运算符得到的并不一定是整数类型的数，它与分母、分子的数据类型有关系。

示例如下。

```
>>>7//2
3
>>>7.0//2
3.0
>>>7//2.0
3.0
```

2.3　Python 的赋值运算符与变量

2.3.1　Python 的赋值运算符

Python 的赋值运算符及示例如表 2-3 所示，表 2-3 中变量 x 的初始值为 0，每个表达式的计算建立在前一个表达式的基础上。

表2-3　　　　　　　　　　　　　Python的赋值运算符及示例

运算符	描述	示例	等效形式	变量 x 的值
=	简单赋值运算符	x=21+10	将 21+10 的运算结果赋给 x	31
+=	加法赋值运算符	x+=10	x=x+10	41
-=	减法赋值运算符	x-=10	x=x-10	31
*=	乘法赋值运算符	x*=10	x=x*10	310
/=	除法赋值运算符	x/=10	x=x/10	31.0
%=	取模赋值运算符	x%=10	x=x%10	1.0
**=	幂赋值运算符	x**=10	x=x**10	1.0
//=	取整除赋值运算符	x//=10	x=x//10	0.0

2.3.2　变量定义及赋值

Python 中的变量不需要声明名称及类型。每个变量在使用前都必须赋值，为变量赋值以后变量才会被创建。在 Python 中，变量本身没有类型的概念，我们所说的"类型"是变量所指的内存中对象的类型。

1. 变量赋值的基本语法格式

"="运算符用于给变量赋值，为变量赋值的基本语法格式如下。

```
<变量名>=<变量值>
```

"="运算符左边是一个变量名，右边是存储在变量中的值。变量命名应遵循 Python 中标识符的命名规则，变量值可以是任意数据类型。

为变量赋值之后，Python 解释器不会显示任何结果。

示例如下。

```
>>>width = 20
>>>height = 5*9
>>>width * height
900
```

2. 定义变量

在 Python 程序中当变量被指定一个值时，对应变量就会被创建。示例如下。

```
>>>var1 = 6
>>>var2 = 10.5
>>>print("var1=",var1)
>>>print("var2=",var2)
```

运行结果如下。

```
var1= 6
var2= 10.5
```

【实例 2-1】演示定义变量与赋值

实例 2-1 的代码如下所示。

```
number = 100            # 整型变量
distance = 1000.0       # 浮点型变量
name = "LiMing"         # 字符串变量
print (number)
print (distance)
print (name)
```

实例 2-1 代码的运行结果如下。

```
100
1000.0
LiMing
```

变量在使用前必须先定义（即赋予变量一个值），否则会出现错误，示例如下。

```
>>> n      #尝试访问一个未定义的变量
```

运行结果如下。

```
Traceback (most recent call last):
  File "<stdin>", line 1, in <module>
NameError: name 'n' is not defined
```

3. 变量指向不同类型的对象

Python 是一种动态类型的语言，变量指向的对象的类型可以随时变化。一个变量可以通过赋值指向不同类型的对象。

【实例 2-2】演示变量指向不同类型的对象

实例 2-2 的代码如下所示。

```
x=" 李明 "
print(type(x))
print(id(x))
x=21
print(type(x))
print(id(x))
```

实例 2-2 代码的运行结果如下。

```
<class 'str'>
2448125806896
<class 'int'>
140722800285984
```

从以上示例可以看出，变量 x 的名称为 x，变量 x 首先被赋予的数据类型为字符串，然后被赋予的数据类型为整型，并不是变量 x 的数据类型改变了，而是先后指向了不同的内存空间。这就意味着如果改变变量的值，将重新分配内存空间。

在 Python 中，使用内置函数 id() 返回变量所指的内存空间的地址。

在 Python 中，允许多个不同变量名的变量指向同一个内存空间，示例如下。

```
>>>x=100
>>>y=100
>>>print(" 变量 x 指向的内存空间的地址为 : ",id(x))
>>> print(" 变量 y 指向的内存空间的地址为 : ",id(y))
```

运行结果如下。

```
变量 x 指向的内存空间的地址为 : 140727202538240
变量 y 指向的内存空间的地址为 : 140727202538240
```

从以上的运行结果可以看出，两个变量 x、y 先后被赋予相同的整数值，但指向的内存空间的地址相同。

4. 为多个变量赋值

Python 允许同时为多个变量赋值。

示例如下。

```
>>>a = b = c = 1
```

以上语句用于创建整型对象，值为 1，从后向前赋值，3 个变量被赋予相同的数值。

也可以为多个对象指定多个变量。

示例如下。

```
>>>a, b, x = 1, 2, "LiMing"
```

以上语句用于将两个整型数据 1 和 2 赋给变量 a 和 b，将字符串 "LiMing" 赋给变量 x。

5. 变量 "_" 的赋值

在 IDLE 交互模式中，一个下划线 "_" 表示解释器中最后一次显示的内容或最后一次语句正确执行的输出结果，这样后续计算更方便，示例如下。

```
>>>tax = 12.5 / 100
>>>price = 100.50
>>>price * tax
12.5625
>>>price + _
113.0625
>>>round(_, 2)
113.06
```

这里的 "_" 变量可以视为只读变量，不要显式地给它赋值，否则会创建一个具有相同名称的独立的本地变量，并且屏蔽这个内置变量的功能。

Python 中除了变量，还有常量的概念，所谓常量就是程序运行过程中，值不会发生改变的量，例如数学中的圆周率。在 Python 中，没有提供定义常量的关键字。

【任务 2-1】计算并输出购买商品的实付总额与平均价格等数据

【任务描述】

（1）在 PyCharm 中创建项目 "Unit02"。

（2）在项目 "Unit02" 中创建 Python 程序文件 "t2-1.py"。

（3）在 Python 程序文件 "t2-1.py" 中输入代码实现以下功能：计算购买商品的总数量、购买商品应支付的总金额、优惠金额、实际支付金额、购买商品的平均价格；输出商品总额、商品优惠金额、实付总额和平均价格。

（4）在 PyCharm 中运行程序文件 "t2-1.py"，输出商品总额、商品优惠金额、实付总额、平均价格等数据。

【任务实施】

1. 创建 PyCharm 项目 "Unit02"

成功启动 PyCharm 后，在其窗口选择【文件】菜单，在弹出的下拉菜单中选择【新建项目】命令，打开【新建项目】对话框，在该对话框的【位置】输入框中输入 "D:\PycharmProject\Unit02"，单击【创建】按钮，完成 PyCharm 项目 "Unit02" 的创建。

2. 创建 Python 程序文件 "t2-1.py"

在 PyCharm 窗口中右击已创建好的 PyCharm 项目 "Unit02"，在弹出的快捷菜单中选择【新建】-【Python 文件】命令。在打开的【新建 Python 文件】对话框中输入 Python 文件名 "t2-

1"，然后双击【Python 文件】选项，完成 Python 程序文件的新建。PyCharm 窗口中显示程序文件"t2-1.py"的代码编辑区域，在该程序文件的代码编辑区域中也自动添加了模板内容。

3. 编写 Python 代码

在文件"t2-1.py"的代码编辑区域中的已有模板注释内容下面输入代码，程序"t2-1.py"的代码如下所示。

```
number1=1
price1=45.20
amount=number1
number2=1
price2=59.30
amount=amount+number2
total=number1*price1+number2*price2
discount=40.00
payable=total-discount
averagePrice=total/amount
print("商品总额：￥",total)
print("商品优惠：-￥",discount)
print("实付总额：￥"+str(payable))
print("平均价格：￥"+str(averagePrice))
```

单击工具栏中的【保存】按钮，保存程序文件"t2-1.py"。

4. 运行 Python 程序

在 PyCharm 窗口中选择【运行】菜单，在弹出的下拉菜单中选择【运行】命令。在弹出的【运行】对话框中选择【t2-1】选项，程序"t2-1.py"开始运行。

程序文件"t2-2.py"的运行结果如下。

```
商品总额：￥ 104.5
商品优惠：-￥ 40.0
实付总额：￥64.5
平均价格：￥52.25
```

2.4 Python 3 的日期时间函数

Python 提供了 time、datetime 和 calendar 模块用于格式化日期和时间。Python 程序能用很多方式处理日期和时间，转换日期格式是常见的功能。

2.4.1 时间元组

gmtime()、localtime()、strptime() 都是以时间元组 (struct_time) 的形式返回时间数据，很多 Python 函数使用由一个元组组合起来的 9 组数字处理时间，也就是 struct_time 元组，其中 9 组数字的含义及取值如表 2-4 所示。

表2-4　　　　　　　　时间元组的9组数字的含义及取值

序号	含义	取值
1	4 位数的年份	0000 ~ 9999
2	月	1 ~ 12
3	日	1 ~ 31

序号	含义	取值
4	小时	0 ～ 23
5	分钟	0 ～ 59
6	秒	0 ～ 61（60、61 表示闰秒）
7	星期几	0 ～ 6（0 表示周一）
8	一年的第几日	1 ～ 366（366 表示闰年）
9	夏令时标志	1（夏令时）、0（非夏令时）、-1（不确定）

struct_time 元组的结构属性如表 2-5 所示。

表2-5　　　　　　　　　　struct_time元组的结构属性

序号	属性名称	属性取值
1	tm_year	0000 ～ 9999
2	tm_mon	1 ～ 12
3	tm_mday	1 ～ 31
4	tm_hour	0 ～ 23
5	tm_min	0 ～ 59
6	tm_sec	0 ～ 61（60、61 表示闰秒）
7	tm_wday	0 ～ 6（0 表示周一）
8	tm_yday	1 ～ 366（366 表示闰年）
9	tm_isdst	1（夏令时）、0（非夏令时）、-1（不确定），默认为 -1

2.4.2　time 模块

time 模块提供多种与日期时间相关的功能，用于获取和转换时间，与日期时间相关的模块还有 datetime、calendar 等。

Python 的 time 模块中有很多函数可用于转换常见日期格式，例如，函数 time.time() 用于获取当前时间戳，每个时间戳都以从 1970 年 1 月 1 日午夜（历元）至今经过了多长时间来表示。时间间隔是以秒为单位的浮点数。

示例如下。

```
>>>import time        # 导入 time 模块
>>>ticks=time.time()
>>>print(" 当前时间戳为 :",ticks)
```

运行结果如下。

```
当前时间戳为 :1585817589.8098445
```

时间戳最适用于做日期运算，但是无法表示 1970 年 1 月 1 日之前的日期至今的数据。

1. 获取当前时间

从返回浮点数的时间戳向时间元组转换，只要将浮点数传递给如 localtime() 之类的函数即可。

示例如下。

```
>>>import time
>>>localtime=time.localtime(time.time())
>>>print(" 本地时间为 : ",localtime)
```

运行结果如下。

本地时间为：time.struct_time(tm_year=2020, tm_mon=4, tm_mday=2, tm_hour=17, tm_min=5, tm_sec=38, tm_wday=3, tm_yday=93, tm_isdst=0)。

2. 获取格式化的时间

要获取可读的格式化时间，可使用函数 asctime()。

示例如下。

```
>>>import time
>>>localtime=time.asctime(time.localtime(time.time()))
>>print(" 本地时间为：",localtime)
```

运行结果如下。

```
本地时间为: Thu Apr  2 17:07:41 2020
```

3. 格式化日期数据

可以使用 time 模块的 strftime() 方法来格式化日期数据，其基本语法格式如下。

```
time.strftime(fmt[,tupletime])
```

它用于把一个代表时间的元组或者 struct_time 元组转化为格式化的时间字符串。如果 tupletime 未指定，将传入 time.localtime()，如果元组中任一个元素越界，将抛出 ValueError 异常。

Python 的日期时间格式化符号及其含义如表 2-6 所示。

表2-6　　　　　　　　　　　　Python的日期时间格式化符号及其含义

序号	日期时间格式化符号	符号的含义
1	%y	2 位数的年份（00～99）
2	%Y	4 位数的年份（00.00～9999）
3	%m	月份（01.00～12）
4	%d	月中的第几天（0～31）
5	%H	24 小时制的小时数值（0～23）
6	%I	12 小时制的小时数值（01～12）
7	%M	分钟数值（00～59）
8	%S	秒数值（00～59）
9	%a	本地简化的星期名称
10	%A	本地完整的星期名称
11	%b	本地简化的月份名称
12	%B	本地完整的月份名称
13	%c	本地相应的日期表示和时间表示
14	%j	年内的第几天（001～366）
15	%p	以 A.M./D.M. 方式显示上午或者下午
16	%U	全年中的第几个星期（00～53），星期天为一星期的开始，第一个星期天之前的所有天数都放在第 0 周
17	%w	星期（0～6），星期天为一星期的开始
18	%W	全年中的第几个星期（00～53），星期一为一星期的开始
19	%x	本地相应的日期表示
20	%X	本地相应的时间表示

续表

序号	日期时间格式化符号	符号的含义
21	%Z	当前时区的名称
22	%%	"%" 符号本身

2.4.3 datetime 模块

datetime 模块提供了处理日期和时间的类。它虽然支持日期和时间算法，但主要用于为输出格式化和操作提供高效的属性提取功能。

1. datetime 模块中定义的类

datetime 模块中定义了表 2-7 所示的几个类。

表2-7 datetime模块中定义的类及其说明

序号	类	说明
1	datetime.date	表示日期，常用的属性有 year、month 和 day
2	datetime.time	表示时间，常用属性有 hour、minute、second、microsecond
3	datetime.datetime	表示日期时间
4	datetime.timedelta	表示两个 date、time、datetime 实例的时间间隔，精确度（最小单位）可达到微秒
5	datetime.tzinfo	时区相关信息对象的抽象基类，为 datetime 和 time 类提供调整的基准
6	datetime.timezone	Python 3.2 中新增的，用于实现 tzinfo 抽象基类的类，表示与 UTC（Universal Time Coordinated，协调世界时）的固定偏移量

这些类的对象都是不可变的。

2. datetime 模块中定义的常量

datetime 模块中定义的常量及其说明如表 2-8 所示。

表2-8 datetime模块中定义的常量及其说明

序号	常量	说明
1	datetime.MINYEAR	datetime.date 或 datetime.datetime 对象允许的年份的最小值，值为 1
2	datetime.MAXYEAR	datetime.date 或 datetime.datetime 对象允许的年份的最大值，值为 9999

【任务 2-2】输出当前日期和时间

【任务描述】

（1）在项目"Unit02"中创建 Python 程序文件"t2-2.py"。

（2）在 Python 程序文件"t2-2.py"中输入代码实现以下功能：输出当前日期，获取当前时间的小时数值、分钟数值、秒数值，输出当前时间。

（3）在 PyCharm 中运行程序文件"t2-2.py"，输出当前日期、当前时间等数据。

【任务实施】

1. 创建 Python 程序文件"t2-2.py"

在 PyCharm 窗口中右击已创建好的 PyCharm 项目"Unit02"，在弹出的快捷菜单中选择【新建】-【Python 文件】命令。在打开的【新建 Python 文件】对话框中输入 Python 文件名 "t2-2",然后双击【Python 文件】选项,完成 Python 程序文件的新建。PyCharm 窗口中显示程序文件 "t2-2.py" 的代码编辑区域,在该程序文件的代码编辑区域中也自动添加了模板内容。

2. 编写 Python 代码

在文件 "t2-2.py" 的代码编辑区域中的已有模板注释内容下面输入代码,程序 "t2-2.py" 的代码如下所示。

```
# 导入 time 模块
import time
# 输出当前日期
print(" 当前日期:",time.strftime("%Y 年 %m 月 %d 日 ", time.localtime()))
# 获取当前时间的小时数
hour=time.localtime().tm_hour
# 获取当前时间的分钟数
minute=time.localtime().tm_min
# 获取当前时间的秒数
second=time.localtime().tm_sec
# 输出当前时间
print(" 当前时间:{0} 时 {1} 分 {2} 秒 ".format(hour,minute,second,end=" \r"))
```

3. 运行 Python 程序

在 PyCharm 窗口中选择【运行】菜单,在弹出的下拉菜单中选择【运行】命令。在弹出的【运行】对话框中选择【t2-2】选项,程序 "t2-2.py" 开始运行。

程序文件 "t2-2.py" 的运行结果如下。

```
当前日期:2022 年 12 月 20 日
当前时间:10 时 4 分 59 秒
```

【任务 2-3】计算与输出购买商品的优惠金额与应付金额等数据

【任务描述】

(1)在项目 "Unit02" 中创建 Python 程序文件 "t2-3.py"。

(2)在 Python 程序文件 "t2-3.py" 中输入代码实现以下功能:计算并输出商品总金额、运费、返现、折扣率、商品优惠、实付总额。

(3)在 PyCharm 中运行程序文件 "t2-3.py",输出商品总金额、运费、返现、折扣率、商品优惠、实付总额等数据。

【任务实施】

1. 创建 Python 程序文件 "t2-3.py"

在 PyCharm 窗口中右击已创建好的 PyCharm 项目 "Unit02",在弹出的快捷菜单中选择【新建】-【Python 文件】命令。在打开的【新建 Python 文件】对话框中输入 Python 文件名 "t2-3",然后双击 "Python 文件" 选项,完成 Python 程序文件的新建。PyCharm 窗口中显示程序文件 "t2-3.py" 的代码编辑区域,在该程序文件的代码编辑区域中也自动添加了模板内容。

2. 编写 Python 代码

在文件"t2-3.py"的代码编辑区域中的已有模板注释内容下面输入代码，程序"t2-3.py"的代码如下所示。

```
num=input("请输入购买数量：")
number=int(num)
originalPrice=99.80
discountPrice=91.80
discountRate=discountPrice/originalPrice
total=number*discountPrice
cashback=150.00
discount=15.00
totalDiscount=cashback+discount
carriage=15.00
payable=total-totalDiscount+carriage
print(str(number)+"件商品，商品总金额：￥"+"{:.2f}".format(total))
print("                 运费：￥"+"{:.2f}".format(carriage))
print("                 返现：-￥"+"{:.2f}".format(cashback))
print("                折扣率：-￥"+"{:.2f}%".format(discountRate*100))
print("              商品优惠：-￥"+"{:.2f}".format(discount))
print("              实付总额：￥"+"{:.2f}".format(payable))
```

3. 运行 Python 程序

在 PyCharm 窗口中选择【运行】菜单，在弹出的下拉菜单中选择【运行】命令。在弹出的【运行】对话框中选择【t2-3】选项，程序"t2-3.py"开始运行。

程序文件"t2-3.py"的运行结果如下。

请输入购买数量：3

```
3件商品，商品总金额：￥275.40
                 运费：￥15.00
                 返现：-￥150.00
                折扣率：-￥91.98%
              商品优惠：-￥15.00
              实付总额：￥125.40
```

 知识扩展

calendar 模块的内置函数都是与日历相关的，其相关描述如表 2-9 所示。

表2-9　　　　　　　　calendar模块的内置函数及其相关描述

序号	函数	函数描述
1	calendar.calendar(year,w=2,i=1,c=6)	返回一个多行字符串格式的 year 年的日历，一行显示 3 个月，每个月之间间隔距离为 c。每日间隔为 w 个字符。每行长度为 21*w+18+2*c。i 是每星期所占行数
2	calendar.firstweekday()	返回当前每周起始日期。默认情况下，首次载入 calendar 模块时返回 0，即星期一
3	calendar.isleap(year)	若 year 是闰年返回 True，否则返回 False
4	calendar.leapdays(y1,y2)	返回在 y1、y2 两年之间的闰年总数
5	calendar.month(year,month,w=2,i=1)	返回一个多行字符串格式的 year 年 month 月的日历。每日间隔为 w 字符。每行的长度为 7*w+6。i 是每星期所占行数

续表

序号	函数	函数描述
6	calendar.monthcalendar(year,month)	返回整数列表。每个子列表表示一个星期。year 年 month 月外的日期都设为 0；范围内的日期都由该月第几日表示，从 1 开始
7	calendar.monthrange(year,month)	返回两个整数。第一个是某月的星期几，第二个是某月有几天
8	calendar.prcal(year,w=2,i=1,c=6)	相当于 printcalendar.calendar(year,w,i,c)
9	calendar.prmonth(year,month,w=2,i=1)	相当于 printcalendar.calendar(year,w,i,c)
10	calendar.setfirstweekday(weekday)	设置每周的起始日期码，weekday 的取值范围为 0（星期一）到 6（星期日）
11	calendar.timegm(tupletime)	和 time.gmtime() 的作用相反，用于接收一个时间元组，返回对应的时间戳
12	calendar.weekday(year,month,day)	返回给定日期的日期码

calendar 模块有多种函数用来处理日历，例如输出 2020 年 7 月的日历，代码如下。

```
>>>import calendar
>>>cal=calendar.month(2020,7)
>>>print("以下输出 2020 年 7 月份的日历：")
>>>print(cal)
```

输出结果如下。

```
以下输出 2020 年 7 月份的日历：
     July 2020
Mo Tu We Th Fr Sa Su
       1  2  3  4  5
 6  7  8  9 10 11 12
13 14 15 16 17 18 19
20 21 22 23 24 25 26
27 28 29 30 31
```

单元测试

1. 选择题

（1）在信息组织和存储中，最基本的单位是（   ）。

　　A. 字节（Byte）　　　　　　　　B. 二进制位（bit）

　　C. 字（Word）　　　　　　　　　D. 双字（Double Word）

（2）现有代码 t=('a')，在 Python 3 解释器中执行 type(t) 代码的结果为（   ）。

　　A. <class 'str'>　　B. <class 'tuple'>　　C. (class 'str')　　　D. (class 'tuple')

（3）设任意一个十进制整数 D，将其转换成二进制数 B，根据数制的概念，下列叙述中正确的是（   ）。

　　A. 数字 B 的位数 < 数字 D 的位数　　B. 数字 B 的位数 ≤ 数字 D 的位数

　　C. 数字 B 的位数 ≥ 数字 D 的位数　　D. 数字 B 的位数 > 数字 D 的位数

（4）7 位的无符号二进制整数能表示的十进制整数的范围是（   ）。

　　A. 0 ～ 128　　　B. 0 ～ 255　　　C. 0 ～ 127　　　D. 1 ～ 127

（5）八进制数 24 转换成二进制数是（   ）。

　　A. 00101100　　　B. 00010100　　　C. 00011100　　　D. 00011101

（6）将二进制数 10010101，转换成十进制数，正确的选项为（   ）。

　　　　A．139　　　　　　　B．141　　　　　　　C．149　　　　　　　D．151

（7）下列字符中对应 ASCII 值最小的是（　　　）。

　　　　A．B　　　　　　　　B．a　　　　　　　　C．k　　　　　　　　D．M

（8）在 Python 中，数值类型共包括（　　　）种类型。

　　　　A．int　　　　　　　B．float　　　　　　　C．complex　　　　　D．bool

（9）以下选项中为整数类型的有（　　　）。

　　　　A．3　　　　　　　　B．3.1　　　　　　　　C．−3　　　　　　　　D．0

（10）Python 3 解释器执行 long(10) 的结果为（　　　）。

　　　　A．10L

　　　　B．10l

　　　　C．NameError: name 'long' is not defined

　　　　D．1

（11）在 Python 3 中，如果变量 x = 3，那么，x /= 3 的结果为（　　　）。

　　　　A．3　　　　　　　　B．0　　　　　　　　C．1.0　　　　　　　　D．1

（12）下列选项中，数值最小的是（　　　）。

　　　　A．十进制数 55　　　　　　　　　　　B．二进制数 110100

　　　　C．八进制数 101　　　　　　　　　　　D．十六进制数 33

（13）Python 3 解释器执行 2 的 8 次方的结果为（　　　）。

　　　　A．256　　　　　　　B．256L　　　　　　　C．256l　　　　　　　D．报错

（14）下面不是 Python 合法的标识符的是（　　　）。

　　　　A．int32　　　　　　B．40XL　　　　　　　C．self　　　　　　　D．name

（15）Python 不支持的数据类型是（　　　）。

　　　　A．char　　　　　　　B．int　　　　　　　C．float　　　　　　　D．list

（16）print(type(1+2*3.14)) 的执行结果是（　　　）。

　　　　A．<class 'int'>　　　　　　　　　　　B．<class 'long'>

　　　　C．<class 'float'>　　　　　　　　　　D．<class 'str'>

（17）以下不是 Python 中的关键字的是（　　　）。

　　　　A．raise　　　　　　　B．with　　　　　　　C．import　　　　　　D．final

（18）下列在 Python 中是非法语句的是（　　　）。

　　　　A．x = y = z = 1　　　B．x = (y = z + 1)　C．x, y = y, x　　　　D．x += y

（19）print(100 − 25 * 3 % 4) 的输出结果是（　　　）。

　　　　A．1　　　　　　　　B．97　　　　　　　　C．25　　　　　　　　D．0

2．填空题

（1）表达式 'abc' in 'abdcefg' 的值为_____。

（2）表达式 int(str(34)) == 34 的值为_____。

（3）Python 运算符中用来计算整商的是_____。

（4）已知 x = 3，那么执行语句 x += 6 之后，x 的值为_____。

（5）已知 x = 3，那么执行语句 x *= 6 之后，x 的值为_____。

（6）表达式 int(4**0.5) 的值为_____。

（7）已知 x=3 和 y=5，执行语句 x, y = y, x 后，x 的值是_____。

（8）表达式 3 ** 2 的值为_____。

（9）表达式 3 * 2 的值为_____。

（10）表达式 isinstance('abc', str) 的值为_____。

（11）表达式 type(3) in (int, float, complex) 的值为_____。

（12）表达式 print(0b10101) 的值为_____。

（13）表达式 1234%1000//100 的值为_____。

（14）表达式 16**0.5 的值为_____。

3. 判断题

（1）已知 x = 3，那么赋值语句 x = 'abcedfg' 是无法正常执行的。   （   ）

（2）Python 变量使用前必须先声明，并且一旦声明就不能在当前作用域内改变其类型。

（   ）

（3）在任何时刻相同的值在内存中都只保留一份。   （   ）

（4）Python 不允许使用关键字作为变量名，允许使用内置函数名作为变量名，但这会改变函数名的含义。   （   ）

（5）在 Python 中可以使用 if 作为变量名。   （   ）

（6）在 Python 3.x 中可以使用中文作为变量名。   （   ）

（7）Python 变量名必须以字母或下划线开头，并且区分字母大小写。   （   ）

（8）在 Python 中，变量不直接存储值，而是存储值的引用，也就是值在内存中的地址。

（   ）

（9）在条件表达式中不允许使用赋值运算符 "="，否则会提示语法错误。   （   ）

（10）0o12f 是合法的八进制数字。   （   ）

（11）在 Python 中 0xad 是合法的十六进制数字的表示形式。   （   ）

（12）Python 关键字不可以作为变量名。   （   ）

（13）Python 变量名区分大小写，所以 student 和 Student 不是同一个变量。（   ）

（14）Python 运算符 "%" 不仅可以用来求余数，还可以用来格式化字符串。   （   ）

（15）已知 x = 3，那么执行语句 x+=6 之后，x 的内存地址不变。   （   ）

（16）数字 5 也是合法的 Python 表达式。   （   ）

（17）在 Python 中可以使用 id 作为变量名，但不建议这样做。   （   ）

单元3
逻辑运算与流程控制

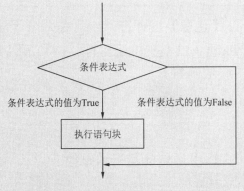

流程控制结构主要包括选择结构和循环结构。选择结构是根据条件表达式的结果选择执行不同语句的流程结构。循环结构则是在一定条件下反复执行某段程序的流程结构。被反复执行的语句体称为循环体，决定循环是否终止的条件称为循环条件。流程控制语句的条件表达式主要为比较（关系）表达式和逻辑表达式。本单元主要学习Python中的比较表达式、逻辑表达式和流程控制语句。

知识入门

1. Python 的顺序结构

计算机程序主要有 3 种基本结构：顺序结构、选择结构、循环结构。如果没有流程控制的话，整个程序都将按照语句的编写顺序（从上至下的顺序）来运行，而不能根据需求决定程序运行的顺序。

2. Python 的流程控制

流程控制对任何一门编程语言来说都非常重要，因为它提供了控制程序运行的方法。

Python 条件语句通过一条或多条语句的运行结果（True 或者 False）来决定程序运行的方式。

可以通过图 3-1 来简单了解条件语句的运行过程。如果条件表达式的值为 True，则执行语句块；否则不执行语句块。

这里的条件表达式通常使用比较表达式或逻辑表达式。

3. range() 函数

Python 的 range() 函数可用于创建一个整数列表，一般用在 for 循环中。

range() 函数的基本语法格式如下。

```
range(start , end , step)
```

图3-1 条件语句的运行过程示意图

其中 start 用于指定起始值，可以省略，如果省略此参数则起始值为 0；end 用于指定结

束值（但不包括该值，如 range(5) 得到的值为 0 ～ 4，不包括 5），不能省略；step 用于指定增量（也称为"步长"），可以省略，如果省略则表示步长为 1。例如通过 range(1,5) 可得到 1、2、3、4。

使用 range() 函数时，如果只指定一个参数，那么该参数为 end，即结束值；如果指定两个参数，则指定的是 start 和 end，即起始值和结束值；如果指定 3 个参数，最后一个参数为步长。

3.1 Python 的比较运算符及其应用

3.1.1 Python 的比较运算符与比较表达式

比较运算符也称为关系运算符，用于对变量或表达式的结果进行大小比较、真假判断等。如果比较结果为真，则返回 True；如果比较结果为假，则返回 False。

Python 的比较运算符及其示例如表 3-1 所示。若比较表达式的结果为 1 表示真，若为 0 表示假，这分别与布尔型值 True 和 False 等价，True 和 False 的首字母必须大写。表 3-1 中的示例假设变量 x 为 21，变量 y 为 10。

表3-1   Python的比较运算符及其示例

运算符	名称	说明	示例	运算结果
==	等于	比较 x 和 y 两个对象是否相等	x == y	False
!=	不等于	比较 x 和 y 两个对象是否不相等	x != y	True
>	大于	比较 x 是否大于 y	x > y	True
<	小于	比较 x 是否小于 y	x < y	False
>=	大于等于	比较 x 是否大于等于 y	x >= y	True
<=	小于等于	比较 x 是否小于等于 y	x <= y	False

【注意】运算符"=="是两个等号"="，属于比较运算符。而运算符"="是赋值运算符。Pyhton 3 已不支持运算符"<>"，可以使用运算符"!="代替。

示例如下。

```
>>>x = 5
>>>y = 8
>>>print(x == y)
>>>print(x != y)
```

以上示例的运行结果如下。

```
False
True
```

由比较运算符与比较对象（变量或表达式）构建的比较表达式，也称为关系表达式。比较表达式通常用在条件语句和循环语句中作为"条件表达式"。

3.1.2　逻辑值测试

在 Python 中，所有的对象都可以进行逻辑值测试。以下情况逻辑值测试结果为 False，即在选择语句和循环语句中表示条件不成立。

（1）Fasle、None。

（2）数值中的零，包括 0、0.0、虚数 0。

（3）空序列，包括空字符串、空列表、空元组、空字典。

（4）自定义对象的 __bool__() 方法返回 False，或者 __len__() 方法返回 0。

【实例 3-1】演示逻辑值的测试

实例 3-1 的代码如下所示。

```
test=None
if test:
    print("None 为逻辑真 ")
else:
    print("None 为逻辑假 ")
```

实例 3-1 代码的运行结果如下。

```
None 为逻辑假
```

在 Python 中，要判断特定的值是否在序列中，可以使用关键字 in；要判断特定的值是否不在序列中，可以使用关键字 not in。

3.2　Python 的逻辑运算符及其应用

逻辑运算符是对 True 和 False 两种布尔值进行运算，运算结果仍是一个布尔值。

3.2.1　Python 的逻辑运算符与逻辑表达式

Python 支持逻辑运算符，Python 的逻辑运算符及示例如表 3-2 所示。表 3-2 中的示例假设变量 x 为 21，y 为 10，z 为 0。

表3-2　　　　　　　　　　　　　Python的逻辑运算符及示例

运算符	名称	逻辑表达式	结合方向	说明	示例	运算结果
and	逻辑与	x and y	从左到右	如果 x 为 False 或 0，x and y 返回 False 或 0，否则返回 y 的值	x and y	10
					x and z	0
					z and x	0
or	逻辑或	zx or y	从左到右	如果 x 是 True，返回 x 的值，否则返回 y 的值	x or y	21
					x or z	21
					z or x	21
not	逻辑非	not x	从右到左	如果 x 为 True，返回 False。如果 x 为 False，返回 True	not x	False
					not y	False
					not (x and y)	False
					not (x or y)	False
					not z	True

3.2.2　Python 运算符的优先级

所谓运算符的优先级，是指在 Python 程序中哪一个运算符先参与运算，哪一个运算符后参与运算，与数学的四则运算应遵循的"先算乘除、后算加减"是一个道理。

Python 运算符的运算规则是：优先级高的运算符先参与运算，优先级低的运算符后参与运算，同一优先级的运算符则按照从左到右的顺序参与运算。也可以使用小括号改变运算符的优先级，小括号内的运算最先进行。编写程序时尽量使用小括号"()"来主动控制运算次序，以免发生错误。

Python 所有运算符按从最高到最低的优先级排列如表 3-3 所示。表 3-3 中同一行中的运算符具有相同优先级，它们的结合方向决定运算顺序。

表3-3　　　　　　　　　　　　　Python中所有运算符及其优先级

序号	运算符	说明
1	**	幂
2	~、+、-	位非、正号和负号
3	*、/、%、//	算术运算符：乘、除、取余和取整除运算符
4	+、-	算术运算符：加号、减号
5	>>、<<	位运算符中的右移、左移运算符
6	&	位运算符中的位与运算符
7	|、^	位运算符中位或、位异或运算符
8	<=、<、>、>=、	比较运算符
9	==、!=	等于、不等于运算符
10	=、+=、-=、*=、**=、/=、//=、%=	赋值运算符
11	is、is not	身份运算符
12	in、not in	成员运算符
13	not、or、and	逻辑运算符

【实例 3-2】演示 Python 运算符的优先级

实例 3-2 的代码如下所示。

```
a = 20
b = 10
c = 15
d = 5
e = 0
e = (a + b) * c / d                          #( 30 * 15 ) / 5
print("(a + b) * c / d 运算结果为:", e)
e = ((a + b) * c) / d                        # (30 * 15 ) / 5
print("((a + b) * c) / d 运算结果为:", e)
e = (a + b) * (c / d)                        # (30) * (15/5)
print("(a + b) * (c / d) 运算结果为:", e)
e = a + (b * c) / d                          #20 + (150/5)
print("a + (b * c) / d 运算结果为:", e)
```

实例 3-2 代码的运行结果如下。

```
(a + b) * c / d 运算结果为: 90.0
((a + b) * c) / d 运算结果为: 90.0
(a + b) * (c / d) 运算结果为: 90.0
a + (b * c) / d 运算结果为: 50.0
```

【实例3-3】演示逻辑运算符的优先级

相比逻辑运算符 or，逻辑运算符 and 拥有更高的优先级，实例 3-3 的代码如下所示。

```
x = True
y = False
z = False
if x or y and z:
    print("YES")
else:
    print("NO")
```

实例 3-3 代码的运行结果如下。

```
YES
```

3.3　Python 的选择结构及其应用

Python 的选择结构是根据条件表达式的结果选择执行不同语句的流程结构。选择语句也称为条件语句。Python 中选择语句主要有 3 种形式：if 语句、if…else 语句和 if…elif…else 语句。使用 if…elif…else 多分支语句或者 if 语句的嵌套结构可实现多重选择。

3.3.1　if 语句及其应用

Python 中使用 if 关键字来构成选择语句。if 语句的一般形式如下。

```
if  <条件表达式>：
    <语句块>
```

Python 中 if 语句的执行过程示意图如图 3-2 所示。

条件表达式可以是一个单纯的布尔值或变量，也可以是比较表达式或逻辑表达式，如果条件表达式的值为 True，则执行语句块；如果条件表达式的值为 False，就跳过语句块，继续执行后面的语句。

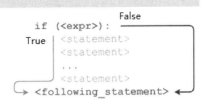

图3-2　if语句的执行过程示意图

示例如下。

```
>>> password= input("请输入密码：")
```

运行结果如下。

```
请输入密码：123456
>>> if  password =="123456":
    print("输入的密码正确")
```

运行结果如下。

```
输入的密码正确
```

【实例3-4】演示 Python 中 if 语句的用法

实例 3-4 的代码如下所示。

```
var1 = 100
if var1:
    print("1-if 表达式条件为 True")
    print(var1)
var2 = 0
if var2:
    print("2-if 表达式条件为 True")
    print(var2)
```

```
print("Goodbye!")
```

实例 3-4 代码的运行结果如下。

```
1-if 表达式条件为 True
100
Goodbye!
```

从运行结果可以看到，由于变量 var2 的值为 0，因此对应的 if 语句没有执行。

【说明】使用 if 语句时，如果只有一条语句，可以直接将其写在 ":" 右侧，例如下面的代码。

```
if a>b : print("a 大于 b")
```

但是，为了程序代码的可读性，不建议这么写，而是分两行写，如下所示。

```
if a>b :
    print("a 大于 b")
```

【任务 3-1】应用 if 语句实现用户登录

【任务描述】

（1）在项目 "Unit03" 中创建 Python 程序文件 "t3-1.py"。

（2）假设目前用户状态为 False，应用 if 语句实现用户登录，并输出 "你好，欢迎登录" 的欢迎信息。

【任务实施】

1. 创建 Python 程序文件 "t3-1.py"

在 PyCharm 项目 "Unit03" 中，新建 Python 程序文件 "t3-1.py"，PyCharm 窗口中显示程序文件 "t3-1.py" 的代码编辑区域，在该程序文件的代码编辑区域中自动添加了模板内容。

2. 编写 Python 代码

在文件 "t3-1.py" 的代码编辑区域中的已有模板注释内容下面输入代码，程序 "t3-1.py" 的代码如下所示。

```
userState=False
if not userState:
    print(" 你好，欢迎登录 ")
```

单击工具栏中的【保存】按钮，保存程序文件 "t3-1.py"。

3. 运行 Python 程序

在 PyCharm 窗口中选择【运行】菜单，在弹出的下拉菜单中选择【运行】命令。在弹出的【运行】对话框中选择【t3-1】选项，程序文件 "t3-1.py" 开始运行。

程序文件 "t3-1.py" 的运行结果如下所示。

```
你好，欢迎登录
```

3.3.2 if…else 语句及其应用

Python 中 if…else 语句的一般形式如下。

```
if  <条件表达式> :
    <语句块 1>
else:
```

```
<语句块2>
```

if…else 语句主要用于实现二选一。使用 if…else 语句时，条件表达式可以是一个单纯的布尔值或变量，也可以是比较表达式或逻辑表达式。如果条件表达式的值为 True，则运行 if 语句后面的语句块 1，否则，运行 else 后面的语句块 2。

【实例 3-5】演示 Python 中 if…else 语句的用法

实例 3-5 的代码如下所示。

```
password= input("请输入密码：")
if  password =="123456":
    print("输入的密码正确")
else:
    print("输入的密码错误")
```

实例 3-5 代码的运行结果如下。

```
请输入密码：666
输入的密码错误
```

【任务 3-2】应用 if…else 语句实现用户登录

【任务描述】

（1）在项目"Unit03"中创建 Python 程序文件"t3-2.py"。

（2）假设用户名称为"jdchenchkps PLUS"，目前用户状态为 True，应用 if…else 语句实现用户登录，并输出"你好，请登录 免费注册"的信息。

【任务实施】

1. 创建 Python 程序文件"t3-2.py"

在 PyCharm 项目"Unit03"中，新建 Python 程序文件"t3-2.py"，PyCharm 窗口中显示程序文件"t3-2.py"的代码编辑区域，在该程序文件的代码编辑区域中自动添加了模板内容。

2. 编写 Python 代码

在文件"t3-2.py"的代码编辑区域中的已有模板注释内容下面输入代码，程序文件"t3-2.py"的代码如下所示。

```
user="jdchenchkps PLUS"
userState=True
if userState:
    print(user)
else:
    print("你好，请登录 免费注册")
```

单击工具栏中的【保存】按钮，保存程序文件"t3-2.py"。

3. 运行 Python 程序

在 PyCharm 窗口中选择【运行】菜单，在弹出的下拉菜单中选择【运行】命令。在弹出的【运行】对话框中选择【t3-2】选项，程序文件"t3-2.py"开始运行。

程序文件"t3-2.py"的运行结果如下所示。

```
jdchenchkps PLUS
```

3.3.3 if…elif…else 语句及其应用

Python 中 if…elif…else 语句的一般形式如下。

```
if  <条件表达式1> :
    <语句块1>
elif  <条件表达式2> :
    <语句块2>
else:
    <语句块n>
```

Python 中用 elif 代替了 else if，所以多分支选择结构的关键字为 if…elif…else。

if…elif…else 语句执行的规则如下。

条件表达式 1 和条件表达式 2 可以是一个单纯的布尔值或变量，也可以是比较表达式或逻辑表达式。

如果条件表达式 1 的值为 True，将执行语句块 1。

如果条件表达式 1 的值为 False，将判断条件表达式 2，如果条件表达式 2 的值为 True，将执行语句块 2。

如果条件表达式 1 和条件表达式 2 的值都为 False，将执行语句块 n。

【实例 3-6】演示 Python 中 if…elif…else 语句的用法

实例 3-6 的代码如下所示。

```
score=86
grade=""
if score>=90:
    grade="A"
elif score>=80:
    grade="B"
elif score>=60:
    grade="C"
else:
    grade="D"
print("考试成绩为：{}，等级为：{}等。".format(score,grade))
```

实例 3-6 代码的运行结果如下。

考试成绩为：86，等级为：B等。

【注意】

（1）Python 中 if 语句的每个条件表达式后面要使用冒号 "："，表示接下来是满足条件后要运行的语句块。

（2）Python 使用缩进来划分语句块，具有相同缩进量的语句在一起组成一个语句块。

（3）if 和 elif 语句都需要判断条件表达式的真假，而 else 语句则不需要判断；另外，elif 语句和 else 语句都必须跟 if 语句一起使用，不能单独使用。

（4）在 Python 中没有 switch…case 语句。

【任务 3-3】应用 if…elif…else 语句计算分期付款的服务费

【任务描述】

（1）在项目 "Unit03" 中创建 Python 程序文件 "t3-3.py"。

（2）在京东网上商城购置商品时可以选择京东白条分期付款方式，分期的期数有 1 期、3 期、6 期、12 期、24 期，假设每期收取的服务费分别为 0 元、11.53 元、5.87 元、3.03 元、1.61 元，如图 3-3 所示。应用 if…elif…else 语句计算白条分期的服务费，并输出服务费，小数位保留两位有效位。

图3-3　京东网上商城的白条分期及服务费标准

【任务实施】

1. 创建 Python 程序文件"t3-3.py"

在 PyCharm 项目"Unit03"中，新建 Python 程序文件"t3-3.py"，PyCharm 窗口中显示程序文件"t3-3.py"的代码编辑区域，在该程序文件的代码编辑区域中自动添加了模板内容。

2. 编写 Python 代码

在文件"t3-3.py"的代码编辑区域中的已有模板注释内容下面输入代码，程序文件"t3-3.py"的代码如下所示。

```
term=int(input("请选择分几期付款（1、3、6、12、24）:"))
if term==1:
    serviceFee=0
elif term==3:
    serviceFee = term * 11.53
elif term==6:
    serviceFee = term * 5.87
elif term==12:
    serviceFee = term * 3.03
elif term==24:
    serviceFee = term * 1.61
print("服务费为：{:.2f}元".format(serviceFee))
```

单击工具栏中的【保存】按钮，保存程序文件"t3-3.py"。

3. 运行 Python 程序

在 PyCharm 窗口中选择【运行】菜单，在弹出的下拉菜单中选择【运行】命令。在弹出的【运行】对话框中选择【t3-3】选项，程序文件"t3-3.py"开始运行。

程序文件"t3-3.py"的运行结果如下所示。

```
请选择分几期付款（1、3、6、12、24）: 6
服务费为：35.22 元
```

3.3.4　if 语句的嵌套结构

前面介绍了 3 种形式的 if 选择语句，这 3 种形式的选择语句可以互相嵌套。if 选择语句有多种嵌套方式，编写程序时可以根据需要选择合适的嵌套方式，例如 if 语句中可以嵌套 if…else 语句，if…else 语句中可以嵌套 if…else 语句，if…elif…else 语句中可以嵌套另一个 if…elif…else 语句。if 语句的嵌套一定要严格控制好不同级别语句块的缩进量。

Python 中 if 语句的嵌套结构一般形式如下。

```
if <表达式11>:
    <语句11>
    if <表达式21>:
        <语句21>
    elif <表达式22>:
        <语句22>
    else:
        <语句23>
elif <表达式12>:
    <语句12>
else:
    <语句13>
```

【实例 3-7】演示 if 语句的嵌套结构的用法

实例 3-7 的代码如下所示。

```
num=int(input("输入一个数字："))
if num%2==0:
    if num%3==0:
        print("输入的数字可以被2和3整除。")
    else:
        print("输入的数字可以被2整除，但是不能被3整除。")
else:
    if num%3==0:
        print("输入的数字可以被3整除，但不能被2整除。")
    else:
        print("输入的数字不能被2和3整除。")
```

实例 3-7 代码的运行结果如下。

```
输入一个数字：7
输入的数字不能被2和3整除。
```

【任务 3-4】应用 if 选择语句计算网上购物的运费与优惠

【任务描述】

从京东商城购买 4 本 Python 编程图书《Python 从入门到项目实践（全彩版）》，该书原价为 99.80 元。京东商城针对不同等级的会员有不同的优惠价格，对于普通会员该书的优惠价格为 77.80 元，对于粉丝（FAN）会员该书的优惠价格为 76.80 元，对于 PLUS 会员该书的优惠价格为 75.50 元；如果购买图书满 148 元可以立减 5 元，满 299 元可以立减 15 元；另外，购买图书每满 100 元，还可以立减 50 元现金，相关优惠信息如图 3-4 所示。

图3-4　京东商城中图书《Python从入门到项目实践（全彩版）》的优惠信息

在京东商城购买图书的运费收取标准如下：如果订单金额小于 49 元，收取基础运费 6 元；如果订单金额大于或等于 49 元，则免收基础运费。

（1）在项目"Unit03"中创建 Python 程序文件"t3-4.py"。

（2）编写程序，应用 if 选择语句的多种形式，计算并且输出购买 4 本 Python 编程图书《Python 从入门到项目实践（全彩版）》的应付金额、运费、返现金额、优惠金额、优惠总额、实付总额。

【任务实施】

1. 创建 Python 程序文件"t3-4.py"

在 PyCharm 项目"Unit03"中，新建 Python 程序文件"t3-4.py"，PyCharm 窗口中显示程序文件"t3-4.py"的代码编辑区域，在该程序文件的代码编辑区域中自动添加了模板内容。

2. 编写 Python 代码

在文件"t3-4.py"的代码编辑区域中的已有模板注释内容下面输入代码，程序文件"t3-4.py"的代码如下所示。

```
originalPrice=99.80
number=4
originalTotal=number*originalPrice
#rank="PLUS"
#rank="Ordinary users"
rank="FAN"
i=0
if rank=="PLUS":
    discountPrice=75.50
    i+=1
else:
    if rank=="FAN":
        discountPrice = 76.80
    else:
        discountPrice=77.80
    i += 1
discountAmount=number*discountPrice
if originalTotal>=299:
    discount=15.00
    i += 1
elif originalTotal>=148:
    discount = 5.00
    i += 1
reduction=int(originalTotal/100)
if reduction>0:
    cashback=reduction*50
    i += 1
discountTotal=discount+cashback
payable=discountAmount-discountTotal
#订单金额＜49，收取基础运费6元；订单金额≥49，收取基础运费0元
if payable<49:
    carriage = 6.00
else:
    carriage=0.00
payable+=carriage
print(str(number)+"件商品，应付总商品金额：￥"+"{:.2f}".format(discount Amou nt))
print("                运费：￥"+"{:.2f}".format(carriage))
print("           返现金额：- ￥"+"{:.2f}".format(cashback))
print("           优惠金额：- ￥"+"{:.2f}".format(discount))
print("商品已享用"+str(i)+"次优惠，优惠总额：- ￥"+"{:.2f}".format(discount Total))
print("           实付总额：￥"+"{:.2f}".format(payable),end="")
print("")
```

单击工具栏中的【保存】按钮，保存程序文件"t3-4.py"。

3. 运行 Python 程序

在 PyCharm 窗口中选择【运行】菜单，在弹出的下拉菜单中选择【运行】命令。在弹出的【运行】对话框中选择【t3-4】选项，程序文件"t3-4.py"开始运行。

程序文件"t3-4.py"的运行结果如下所示。

```
4件商品，应付总商品金额：￥307.20
              运费：￥0.00
           返现金额：－￥150.00
           优惠金额：－￥15.00
商品已享用3次优惠，优惠总额：－￥165.00
          实付总额：￥142.20
```

【任务 3-5】应用 if 选择语句验证用户名和密码实现登录

【任务描述】

（1）在项目"Unit03"中创建 Python 程序文件"t3-5.py"。

（2）编写程序，应用 if 选择语句的多种形式，分别验证是否输入用户名、是否输入密码、用户名与密码是否正确，并根据验证情况分别输出相应的提示信息。

【任务实施】

1. 创建 Python 程序文件"t3-5.py"

在 PyCharm 项目"Unit03"中，新建 Python 程序文件"t3-5.py"，PyCharm 窗口中显示程序文件"t3-5.py"的代码编辑区域，在该程序文件的代码编辑区域中自动添加了模板内容。

2. 编写 Python 代码

在文件"t3-5.py"的代码编辑区域中的已有模板注释内容下面输入代码，程序文件"t3-5.py"的代码如下所示。

```python
userName="good"
userPassword="123456"
#userName=input("请输入用户名：")
#userPassword=("请输入密码：")
nameLen=len(userName.strip())
passwordLen=len(userPassword.strip())
print("用户名长度为："+str(nameLen))
print("密码长度为："+str(passwordLen))
strPrint=""
if nameLen<=0 and passwordLen<=0:
    strPrint="请输入用户名和密码"
if nameLen>0 and passwordLen<=0:
    strPrint="请输入密码"
if nameLen<=0 and passwordLen>0:
    strPrint="请输入用户名"
if nameLen>0 and passwordLen>0:
    if userName=="good" and userPassword=="123456":
        strPrint="成功登录！"
    else:
        strPrint="用户名与密码不匹配"
print(strPrint)
```

单击工具栏中的【保存】按钮，保存程序文件"t3-5.py"。

3. 运行 Python 程序

在 PyCharm 窗口中选择【运行】菜单，在弹出的下拉菜单中选择【运行】命令。在弹出的【运行】对话框中选择【t3-5】选项，程序文件"t3-5.py"开始运行。

程序文件"t3-5.py"的运行结果如下所示。

```
用户名长度为：4
密码长度为：6
成功登录!
```

3.4 for 循环语句及其应用

循环结构是在一定条件下反复运行某段程序的流程结构，被反复运行的语句称为循环体，决定循环是否终止的判断条件称为循环条件。

Python 中的循环语句有 for 和 while 两种类型。Python 中的 for 循环也称为计次循环，该循环语句可以用于遍历任何序列数据，例如一个列表或者一个字符串。while 循环也称为条件循环，可以一直进行循环，直到条件不满足为止。

3.4.1 for 循环语句

for 循环通常用于枚举或遍历序列，以及迭代对象中的元素，一般应用于循环次数已知的情况。

1. for 循环语句的基本格式

for 循环语句的基本格式如下。

```
for  <循环变量>  in  <序列结构>:
    <语句块>
```

循环变量用于保存取出的值；序列结构为要遍历或迭代的序列对象，例如字符串、列表、元组等；语句块为一组被重复运行的语句。

for 循环语句的执行流程如图 3-5 所示。

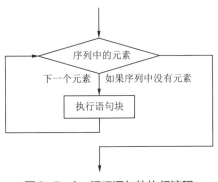

图3-5 for循环语句的执行流程

Python 中 for 循环语句的实例如下。

```
>>>publisher = ["人民邮电出版社", "高等教育出版社", "电子工业出版社"]
```

```
>>>for item in publisher:
    print(item)
```

运行结果如下。

```
人民邮电出版社
高等教育出版社
电子工业出版社
```

2. 使用内置函数 range() 生成序列数据

使用内置函数 range() 生成序列数据，然后使用 for 循环语句遍历序列，示例如下。

```
>>>for item in range(5):
    print(item, end=" ")
```

运行结果如下。

```
0  1  2  3  4
```

【说明】在 Python 3.x 中使用 print() 函数时，如果想让输出的内容在一行中显示，并且显示的数据之间留有空格，需要加上 ", end=" ""。

也可以使用 range() 在指定区间中生成序列数据，然后使用 for 循环语句遍历序列，示例如下。

```
>>>for item in range(5,9) :
    print(item, end=" ")
```

运行结果如下。

```
5  6  7  8
```

【说明】range(5,9) 用于生成从 5 开始，到 8 为止的序列数据，不包含 9。

也可以使用 range() 指定序列数据的开始数值、终止数值、步长，然后使用 for 循环语句遍历序列，示例如下。

```
>>>for item in range(1, 10, 3) :
    print(item, end=" ")
```

运行结果如下。

```
1  4  7
```

range() 函数中指定的步长也可以是负数，示例如下。

```
>>>for item in range(10, 1, -3) :
    print(item, end=" ")
```

运行结果如下。

```
10  7  4
```

【实例 3-8】结合 range() 函数、len() 函数遍历一个列表

实例 3-8 的代码如下。

```
publisher = [" 人民邮电出版社 ", " 高等教育出版社 ", " 电子工业出版社 "]
for item in range(len(publisher)):
    print(item+1, publisher[item])
```

实例 3-8 代码的运行结果如下。

```
1 人民邮电出版社
2 高等教育出版社
3 电子工业出版社
```

3.4.2　for…else 语句

Python 的 for 循环语句中可以有 else 语句，它在 for 循环遍历完序列使得循环终止时执行，

但循环被 break 语句终止时不执行。

for…else 语句的基本语法格式如下。

```
for <变量> in <序列结构>:
    <语句块1>
else:
    <语句块2>
```

当 for 循环不是因 break 语句终止时，运行 else 语句。

【实例 3-9】演示应用循环结构判断质数的方法

实例 3-9 的代码如下所示。

```
for n in range(2, 8):
    for m in range(2, n):
        if n % m == 0:
            print(n, '=', m, '*', n//m)
            break
    else:
        print(n, '是质数')      # 循环结束时没有找到所需元素
```

实例 3-9 代码的运行结果如下。

```
2 是质数
3 是质数
4 = 2 * 2
5 是质数
6 = 2 * 3
7 是质数
```

【任务 3-6】应用 for 循环语句显示进度的百分比

【任务描述】

（1）在项目"Unit03"中创建 Python 程序文件"t3-6.py"。

（2）编写程序，应用 for 循环语句实现在一行中显示下载百分比进度的功能。

【任务实施】

1. 创建 Python 程序文件"t3-6.py"

在 PyCharm 项目"Unit03"中，新建 Python 程序文件"t3-6.py"，PyCharm 窗口中显示程序文件"t3-6.py"的代码编辑区域，在该程序文件的代码编辑区域中自动添加了模板内容。

2. 编写 Python 代码

在文件"t3-6.py"的代码编辑区域中的已有模板注释内容下面输入代码，程序文件"t3-6.py"的代码如下所示。

```
import time
for x in range(101):
    mystr = "百分比:" + str(x) + "%"
    print(mystr,end = "")
    print("\b" * (len(mystr)*2),end = "",flush=True)
    time.sleep(0.5)
```

单击工具栏中的【保存】按钮，保存程序文件"t3-6.py"。

对程序文件"t3-6.py"的解读如下。

（1）range(101) 用于产生一个数字列表，数字范围为 0 ～ 100。

（2）str(x) 用于把 x 变量转换成字符串。

（3）print(mystr,end = "") 在输出字符串之后，不换行。

（4）print("\b" * (len(mystr)*2),end = "",flush=True) 中的 "\b" * (len(mystr)*2) 表示输出 \b 这个转义字符 len(mystr)*2 次。为什么要将由 len() 函数得到的字符串长度乘以 2 呢？原因是输出的字符串是中文，而一个中文字符的占位长度相当于两个英文字符，如果字符串是英文字符，则不用乘以 2。flush = True 表示开启缓冲区，\b 转义字符用于实现退格功能，相当于在编辑文件的时候按【BackSpace】键，从光标当前位置往前删掉一个字符。

（5）time.sleep(0.5) 用于让程序暂停 0.5 秒。

这样就能实现每次 print 之后，\b 帮我们把一行内的字符都清光。

3. 在 Windows 命令窗口运行 Python 程序

打开 Windows 的命令提示符窗口，然后在提示符后面输入以下命令。

```
python D:\PycharmProject\Unit03\t3-6.py
```

按【Enter】键即可运行程序文件"t3-6.py"，进度为 28% 时效果如图 3-6 所示；下载完毕即进度为 100% 时效果如图 3-7 所示。

百分比：28%　　　　　　　　　　　百分比：100%

图 3-6　进度为 28% 的效果 　　　　　　图 3-7　进度为 100% 的效果

3.5　while 循环语句及其应用

Python 中的 while 循环是通过一个条件表达式来控制是否要执行循环体。

3.5.1　while 循环语句

Python 中 while 循环语句的一般形式如下。

```
while <条件表达式>:
    <语句块>
```

while 循环语句的条件表达式的值为 True 时，执行循环体；在执行一次循环体后，重新判断条件表达式的值，直到条件表达式的值为 False，退出 while 循环。

while 循环语句的执行流程如图 3-8 所示。

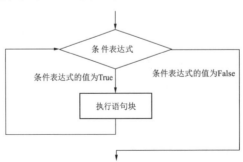

图 3-8　while 循环语句的执行流程

【注意】

（1）Python 中 while 循环语句的条件表达式后面要使用冒号 ":"，表示接下来是满足条件后要执行的语句块。

（2）使用缩进来划分语句块，具有相同缩进量的语句在一起组成一个语句块。

（3）在 Python 中没有 do…while 循环语句。

【实例 3-10】 演示使用 while 循环语句计算 1 到 10 的总和

实例 3-10 的代码如下。

```
n = 10
sum = 0
number = 1
while number <= n:
    sum = sum + number
    number += 1
print("1 到 {} 之和为：{}".format(n,sum))
```

实例 3-10 代码的运行结果如下。

```
1 到 10 之和为：55
```

3.5.2　while…else 语句

Python 的 while 循环语句中也可以有 else 子句，它在 while 循环语句的条件表达式的值为 False 而导致循环终止时执行，但在循环因 break 语句终止时不会执行。

while…else 语句的基本语法格式如下。

```
while <条件表达式>:
    <语句块 1>
else:
    <语句块 2>
```

当 while 循环语句的条件表达式的值为 False，且不是因为 break 语句而退出 while 循环时，执行 else 后面的语句块 2。else 语句可以理解为"正常"完成循环的奖励。

【实例 3-11】 演示应用循环语句输出数字，并判断其大小

实例 3-11 的代码如下。

```
count = 0
while count < 5:
    print (count, "小于 5")
    count = count + 1
else:
    print (count, "大于或等于 5")
```

实例 3-11 代码的运行结果如下。

```
0 小于 5
1 小于 5
2 小于 5
3 小于 5
4 小于 5
5 大于或等于 5
```

3.5.3　循环中的跳转语句

循环中的 break 语句用于跳出并结束当前整个循环，执行循环后的语句。continue 语句

用于结束当次循环，继续执行后续的循环。while 循环中的 break 语句和 continue 语句的执行流程如图 3-9 所示。

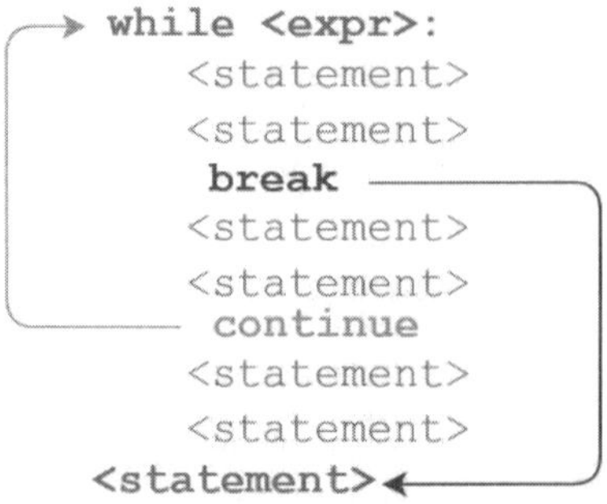

```
        → while <expr>:
              <statement>
              <statement>
              break ──────┐
              <statement> │
              <statement> │
            continue      │
              <statement> │
              <statement> │
        <statement>←──────┘
```

图3-9   while循环中break语句和continue语句的执行流程

1. 在 for 循环中使用 break 语句

break 语句用于提前终止当前的 for 循环，一般结合 if 语句使用。如果是嵌套循环，break 语句用于跳出最内层的循环。

在 for 循环中使用 break 语句的基本格式如下。

```
for  <循环变量>  in  <序列结构>:
    <语句块>
    if <条件表达式>:
        break
```

其中，条件表达式用于判断何时调用 break 语句跳出循环。

【实例 3-12】演示在 for 循环语句中使用 break 语句的方法

实例 3-12 的代码如下。

```
publisher=["人民邮电出版社","高等教育出版社","电子工业出版社","清华大学出版社"]
for item in publisher:
    if item == "电子工业出版社":
        print("跳出 for 循环")
        break
    print("循环数据:" + item)
else:
    print("没有循环数据")
print("循环结束")
```

实例 3-12 代码的运行结果如下。

```
循环数据:人民邮电出版社
循环数据:高等教育出版社
跳出 for 循环
循环结束
```

在循环到 "电子工业出版社" 时，if 语句的条件表达式的值为 True，执行 break 语句跳出循环体。

2. 在 while 循环中使用 break 语句

使用 break 语句可以跳出 for 和 while 循环的循环体，如果 for 循环或 while 循环因 break 而终止，任何对应的 else 语句块将不运行。

在 while 循环中使用 break 语句的基本格式如下。

```
while <条件表达式1>:
```

```
    <语句块>
    if <条件表达式2>:
        break
```

其中，条件表达式2用于判断何时调用break语句跳出循环。

【实例3-13】演示在while循环中使用break语句的方法

实例3-13的代码如下所示。

```
n = 5
while n > 0:
    n -= 1
    if n == 2:
        break
    print(n)
print("循环结束。")
```

实例3-13代码的运行结果如下。

```
4
3
循环结束。
```

3. 在for循环中使用continue语句

continue语句只能用于终止本次循环提前进入下一次循环，一般会结合if语句使用。如果是嵌套循环，continue语句只用于跳过最内层循环中的剩余语句。

在for循环中使用continue语句的格式如下。

```
for  <循环变量>  in  <序列结构>:
    <语句块>
    if <条件表达式>:
        continue
```

其中，条件表达式用于判断何时调用continue语句终止本次循环。

【实例3-14】演示在for循环中使用continue语句的方法

实例3-14的代码如下所示。

```
publisher=["人民邮电出版社","高等教育出版社","电子工业出版社","清华大学出版社"]
for item in publisher:
    if item == "电子工业出版社":
        print("终止本次循环")
        continue
    print("循环数据：" + item)
print("循环结束")
```

实例3-14代码的运行结果如下。

```
循环数据：人民邮电出版社
循环数据：高等教育出版社
终止本次循环
循环数据：清华大学出版社
循环结束
```

4. 在while循环中使用continue语句

使用continue语句可以跳过当前循环体中的剩余语句，然后继续进行下一轮循环。

在while循环中使用continue语句的格式如下。

```
while <条件表达式1>:
    <语句块>
    if <条件表达式2>:
        continue
```

其中，条件表达式 2 用于判断何时调用 continue 语句终止本次循环。

【实例 3-15】演示在 while 循环中使用 continue 语句的方法

实例 3-15 的代码如下所示。

```python
n = 5
while n > 0:
    n -= 1
    if n == 2:
        continue
    print(n)
print(" 循环结束。")
```

实例 3-15 代码的运行结果如下。

```
4
3
1
0
循环结束。
```

【任务 3-7】应用 while 循环语句实现网上抢购倒计时

【任务描述】

（1）在项目"Unit03"中创建 Python 程序文件"t3-7.py"。

（2）编写程序，应用 while 循环语句与 if…else 语句的嵌套结构实现网上抢购倒计时的功能。

【任务实施】

1. 创建 Python 程序文件"t3-7.py"

在 PyCharm 项目"Unit03"中，新建 Python 程序文件"t3-7.py"，PyCharm 窗口中显示程序文件"t3-7.py"的代码编辑区域，在该程序文件的代码编辑区域中自动添加了模板内容。

2. 编写 Python 代码

在文件"t3-7.py"的代码编辑区域中的已有模板注释内容下面输入代码，程序文件"t3-7.py"的代码如下所示。

```python
sec=6*3600+37*60+7
while(sec>=0):
    if(sec>0):
        days=int((sec/3600)/24)
        hours=int((sec-days*24*3600)/3600)
        minutes=int((sec-days*24*3600-hours*3600)/60)
        seconds=(sec-hours*3600)%60
        strHours=days*24+hours
        strPrint=" 距结束 "+str(strHours)+" 时 "+str(minutes)+" 分 "+str(seconds)+ " 秒 "
        print(strPrint)
        sec=sec-1
    else:
        print(" 抢购已结束 ")
        break
```

单击工具栏中的【保存】按钮，保存程序文件"t3-7.py"。

3. 运行 Python 程序

在 PyCharm 窗口中选择【运行】菜单，在弹出的下拉菜单中选择【运行】命令。在弹出的【运行】对话框中选择【t3-7】选项，程序文件"t3-7.py"开始运行。

程序文件"t3-7.py"的部分运行结果如下所示。

```
距结束 6 时 37 分 7 秒
距结束 6 时 37 分 6 秒
距结束 6 时 37 分 5 秒
距结束 6 时 37 分 4 秒
距结束 6 时 37 分 3 秒
距结束 6 时 37 分 2 秒
距结束 6 时 37 分 1 秒
距结束 6 时 37 分 0 秒
距结束 6 时 36 分 59 秒
```

【任务 3-8】综合应用循环结构的嵌套结构实现倒计时

【任务描述】

（1）在项目"Unit03"中创建 Python 程序文件"t3-8.py"。

（2）编写程序，综合应用 while 循环语句、for 循环语句、if 语句与 break 语句及嵌套结构实现倒计时功能。

【任务实施】

1. 创建 Python 程序文件"t3-8.py"

在 PyCharm 项目"Unit03"中，新建 Python 程序文件"t3-8.py"，PyCharm 窗口中显示程序文件"t3-8.py"的代码编辑区域，在该程序文件的代码编辑区域中自动添加了模板内容。

2. 编写 Python 代码

在文件"t3-8.py"的代码编辑区域中的已有模板注释内容下面输入代码，程序文件"t3-8.py"的代码如下所示。

```python
import time
h=2
while True:
    for hour in range(h, -1, -1):
        if hour == 0:
            break
        for minute in range(59,-1,-1):
            for second in range(59,-1,-1):
                strTime="倒计时: "+str(hour-1)+" 时 "+str(minute)+" 分 "+str(second)+
" 秒 "
                print(strTime, end="")
                print("\b" * (len(strTime) * 2), end="", flush=True)
                time.sleep(1)
    print(" 倒计时结束 ")
    break
```

3. 在 Windows 命令提示符窗口运行 Python 程序

打开 Windows 的命令提示符窗口，然后在提示符后面输入以下命令。

```
python D:\PycharmProject\Unit03\t3-8.py
```

按【Enter】键即可运行程序文件"t3-8.py",图 3-10 所示为 1 时 59 分 47 秒的效果,图 3-11 所示为 0 时 54 分 56 秒的效果。

倒计时: 1 时 59 分 47 秒

图3-10 时间为1时59分47秒的效果

倒计时: 0 时 54 分 56 秒

图3-11 时间为0时54分56秒的效果

 知识扩展

1. 循环嵌套

在 Python 中,允许在一个循环体中嵌入另一个循环语句,这称为循环嵌套结构。for 循环和 while 循环可以进行嵌套。

(1)在 while 循环中嵌套另一个 while 循环语句的语法格式如下。

```
while <条件表达式 1>:
    while <条件表达式 2>:
        <语句块 2>
    <语句块 1>
```

(2)在 for 循环中嵌套另一个 for 循环语句的语法格式如下。

```
for  <循环变量 1>  in  <序列结构 1>:
    for  <循环变量 2>  in  <序列结构 2>:
        <语句块 2>
    <语句块 1>
```

(3)在 while 循环中嵌套 for 循环语句的语法格式如下。

```
while <条件表达式 1>:
    for  <循环变量 2>  in  <序列结构 2>:
        <语句块 2>
    <语句块 1>
```

(4)在 for 循环中嵌套 while 循环语句的语法格式如下。

```
for  <循环变量 1>  in  <序列结构 1>:
    while <条件表达式 2>:
        <语句块 2>
    <语句块 1>
```

除了上面介绍的 4 种循环嵌套结构,还可以实现更多形式的循环嵌套结构。

2. 无限循环

可以设置 while 循环语句的条件表达式的值永远为 True 来实现无限循环,这也称为永真循环。无限循环常用于处理服务器上客户端的实时请求。

【实例 3-16】演示无限循环

实例 3-16 的代码如下所示。

```
while True :          # 条件表达式的值永远为 True
    num =input("输入一个数字:")
    print("输入的数字是:", num)
```

实例 3-16 代码的运行结果如下。

```
输入一个数字:3
输入的数字是:3
输入一个数字:2
```

```
输入的数字是：2
输入一个数字：
```

在 PyCharm 中可以使用【Ctrl+F2】组合键来终止当前的无限循环。

【注意】使用 while 循环语句时，一定要添加将循环条件变为 False 的代码，否则将产生死循环。

单元测试

1. 选择题

（1）若知道条件为真，想要程序无限执行直到人为停止，可以使用（　　　）循环语句。

    A. for   B. break   C. while   D. if

（2）下列表达式的值为 True 的是（　　　）。

    A. 5+4j > 2-3j   B. 3>2>2

    C. 1==1 and 2!=1   D. not(1==1 and 0!=1)

（3）求比 10 小且大于等于 0 的偶数的代码如下，请将代码完善。

```
x = 10
while x:
    x = x-1
    if x%2!=0:
        (    )
    print (x)
```

    A. break   B. continue   C. yield   D. flag

（4）Python 3 解释器执行 not 1 and 1 的结果为（　　　）。

    A. True   B. False   C. 0   D. 1

（5）有下面的代码。

```
if k<=10 and k>0:
    if k>5:
        if k>8:
            x=0
        else:
            x=1
    else:
        if k>2:
            x=3
        else:
            x=4
```

其中 k 取（　　　）时 x =3。

    A. 3 4 5   B. 1 2   C. 5 6 7   D. 5 6

（6）下面代码的执行结果是（　　　）。

```
s = 0
for i in range(1,11):
    s += i
    if i == 10:
        print(s)
        break
```

    A. 66   B. 55   C. 45   D. 0

（7）下面代码的执行结果是（　　　）。

```
s = 0
for i in range(2,11):
    s += i
    print(s)
else:
    print(1)
```

  A．1   B．2   C．5   D．9

（8）假设 n 为 5，那么表达式 n&1 == n%2 的值为（　　　）。

  A．False   B．True   C．5   D．1

（9）执行以下代码，其结果为（　　　）。

```
x = 5
y = 8
print(x == y)
```

  A．False   B．True   C．5   D．8

（10）执行以下代码，其结果为（　　　）。

```
n = 10
sum = 0
number = 1
while number <= n:
    sum = sum + number
    number += 1
print(sum)
```

  A．0   B．45   C．55   D．66

2. 填空题

（1）表达式 '\x41' == 'A' 的值为＿＿＿＿。

（2）表达式 not 3 的值为＿＿＿＿。

（3）表达式 5 if 5>6 else (6 if 3>2 else 5) 的值为＿＿＿＿。

（4）表达式 1<2<3 的值为＿＿＿＿。

（5）表达式 3 or 5 的值为＿＿＿＿。

（6）表达式 0 or 5 的值为＿＿＿＿。

（7）表达式 3 and 5 的值为＿＿＿＿。

（8）表达式 3 and not 5 的值为＿＿＿＿。

（9）Python 中用于表示逻辑与、逻辑或、逻辑非运算的关键字分别是 and、or 和＿＿＿＿。

（10）Python 3.x 语句 for i in range(3):print(i, end= ', ') 的运行结果为＿＿＿＿。

（11）对于带有 else 子句的 for 循环和 while 循环，当循环因循环条件不成立而自然结束时＿＿＿＿执行 else 子句中的代码。

（12）在循环语句中，＿＿＿＿语句的作用是提前结束当前整个循环。

（13）在循环语句中，＿＿＿＿语句的作用是跳过当前循环中的剩余语句，提前进入下一次循环。

（14）表达式 [5 for i in range(3)] 的值为＿＿＿＿。

（15）表达式 3<5>2 的值为＿＿＿＿。

3．判断题

（1）带有 else 子句的循环如果因为执行了 break 语句而退出的话，则会执行 else 子句中的代码。 （   ）

（2）如果仅仅用于控制循环次数，那么使用 for i in range(20) 和 for i in range(20, 40) 是等价的。 （   ）

（3）在循环中 continue 语句的作用是跳出当前循环。 （   ）

（4）在编写多层循环时，为了提高运行效率，应尽量减少内循环中不必要的计算。 （   ）

（5）带有 else 子句的异常处理结构，如果不发生异常，则执行 else 子句中的代码。 （   ）

（6）当作为条件表达式时，[] 与 None 等价。 （   ）

（7）表达式 [] == None 的值为 True。 （   ）

（8）表达式 pow(3,2) == 3**2 的值为 True。 （   ）

单元4
序列数据操作与格式化输出

04

Python中的列表（List）、元组（Tuple）、字典（Dictionary）、集合（Set）、字符串（String）都属于序列（Sequence）。本单元分别学习Python中这5种常用的序列的使用方法。

知识入门

1. Python 序列

序列也称为数列，是指按照一定顺序排列的一列数据。Python 中的序列是最基本的数据结构之一，它是一块用于存放多个值的连续内存空间，其中的值按一定顺序排列，每一个值（称为元素）都分配有一个顺序号，称为索引或位置。通过索引可以取出相应的值。

Python 中的序列结构具有一些通用的特征和操作。

（1）索引。

序列中的每一个元素都有一个索引。从左向右计数为正索引，正索引从 0 开始递增，即索引值为 0 表示第 1 个元素，索引值为 1 表示第 2 个元素，依此类推。从右向左计数为负索引，负索引从最后一个元素开始计数，即最后一个元素的索引值是 -1，倒数第 2 个元素的索引值是 -2，依此类推。具体如图 4-1 所示。

元素	元素 1	元素 2	元素 3	元素 4	…	元素 $n-1$	元素 n
正索引	0	1	2	3	…	$n-2$	$n-1$
负索引	$-n$	$-(n-1)$	$-(n-2)$	$-(n-3)$	…	-2	-1

图4-1 序列及索引

通过索引可以访问序列中的任何元素。

（2）计算序列的长度、最大元素和最小元素。

在 Python 中，使用内置函数 len() 计算序列的长度，即返回序列中包含多少个元素；使用 max() 函数返回序列中的最大元素；使用 min() 函数返回序列中的最小元素。

（3）检查某个元素是否是序列的成员。

在 Python 中，可以使用 in 关键字检查某个元素是否是指定序列的成员，即检查某个元素是否包含在指定序列中。如果某个元素是指定序列的成员，则返回 True，否则返回 False。

也可以使用 not in 关键字检查某个元素是否不包含在指定的序列中。如果某个元素不是指定序列的成员，则返回 True，否则返回 False。

（4）序列相加。

Python 支持两个相同类型的序列进行连接，即使用"+"运算符实现两个相同类型序列的连接。

在进行序列连接时，序列必须同为列表、元组、集合或字符串等，序列中的元素类型可以不同。

（5）截取序列。

在序列中可以通过截取操作访问一定范围内的元素，生成一个新的序列。可以使用中括号截取序列，截取序列的基本语法格式如下。

```
序列名称[start:end:step]
```

其中，start 表示截取序列的开始位置（包括该位置），如果不指定开始位置，则默认开始位置为 0，即从序列的第 1 个元素开始截取。

end 表示截取序列的结束位置（不包括该位置），如果不指定结束位置，则默认结束位置为最后一个元素。

step 表示截取序列的步长，按照该步长遍历序列的元素，如果不指定步长，则默认步长为 1，即一个一个地遍历序列。当省略步长时，最后一个冒号也可以省略。

如果想要复制整个序列，可以将 start 和 end 参数都省略，但是中间的冒号需要保留，例如，sequence[:] 就表示复制名称为 sequence 的整个序列。

2. Python 的成员运算符

Python 支持成员运算符，其成员运算符和相关描述如表 4-1 所示。

表4-1　　　　　　　　　　　　Python的成员运算符及相关描述

序号	运算符	描述
1	in	如果在指定的序列中找到元素，则返回 True，否则返回 False
2	not in	如果在指定的序列中没有找到元素，则返回 True，否则返回 False

以下代码演示了 Python 中成员运算符的操作。

```
>>>a = 10
>>>b = 20
>>>list = [1, 2, 3, 4, 5 ];
>>>print( a in list )
>>>print( b not in list )
```

运行结果如下。

```
False
True
>>>a = 2        #修改变量 a 的值
>>>print( a in list )
```

运行结果如下。

```
True
```

3. Unicode 字符串

在 Python 2 中，普通字符串是以 8 位 ASCII 值进行存储的，而 Unicode 字符串则存储为 16 位，这样能够表示更多的字符集。在 Python 3 中，所有的字符串都是 Unicode 字符串。

4. Python 字符所占的字节数

在 Python 中，不同类型的字符所占的字节数也不同，数字、英文字母、小数点、下划线、空格等半角字符只占一个字节；汉字在 GB2312/GBK 编码中占两个字节，在 UTF-8/Unicode 编码中一般占用 3 个字节。

5. Python 的转义字符

当需要在字符串中使用特殊字符时，可使用反斜杠"\"表示转义字符，Python 的转义字符及描述如表 4-2 所示。

表4-2　　　　　　　　　　　　Python的转义字符及描述

序号	转义字符	描述
1	\（在行尾时）	续行符
2	\\	反斜杠符号
3	\'	单引号
4	\"	双引号
5	\a	响铃
6	\b	退格（BackSpace）
7	\0	空
8	\n	换行符
9	\v	纵向制表符
10	\t	横向制表符，用于横向跳到下一制表位
11	\r	回车
12	\f	换页
13	\oyy	八进制数，yy 代表数字或字符，例如：\o12 代表换行，其中 o 是字母，不是数字 0
14	\xyy	十六进制数，yy 代表的字符，例如：\x0a 代表换行
15	\other	其他的字符以普通格式输出

例如，使用横向制表符 \t 和换行符 \n 将一行内容变成多行输出，且添加空白，代码如下。

```
>>>print("\tI\n\tlove\n\tPython")
```

运行结果如下。

```
        I
    love
    Python
```

如果不想让反斜杠发生转义，可以在字符串前面添加一个 r，表示原始字符串原样输出。这里的 r 指 raw，即 raw string。

示例如下。

```
>>>print('D:\some\name')
```

执行结果如下。

```
D:\some
ame
>>>print(r'D:\some\name')
```

执行结果如下。

```
D:\some\name
```

另外，反斜杠可以作为续行符，在每行最后一个字符后使用反斜杠来表示下一行是上一行逻辑上的延续，示例如下。

```
>>>bookData=["1","HTML5+CSS3 移动 Web 开发实战 ","58.00",\
            "50676377587"," 人民邮电出版社 "]
print(bookData)
```

执行结果如下。

```
['1', 'HTML5+CSS3 移动 Web 开发实战 ', '58.00', '50676377587', ' 人民邮电出版社 ']
```

还可以使用 """……""" 或 '''……''' 跨越多行。使用三引号时，换行符不需要转义，它们会包含在字符串中。

6. Python 的三引号

Python 使用三引号（"""""" 或 "''''''"）可实现一个字符串跨多行，字符串中可以包含换行符 "\n"、制表符 "\t" 以及其他特殊字符。

三引号让程序员从引号和特殊字符串的泥潭里面解脱出来，自始至终保持一小块字符串为 WYSIWYG（所见即所得）格式。

三引号的典型使用场合有 HTML 代码编辑、SQL 语句编辑。示例代码如下。

```
strHtml="""
<!DOCTYPE html>
<html lang="en">
<head>
    <meta charset="UTF-8">
    <title>Title</title>
</head>
<body>
</body>
</html>
"""
strSQL='''
Create Table books (
  商品ID integer(8) Not Null ,
  商品编号 Varchar(12) Not Null,
  图书名称 Varchar(50) Not Null,
  价格 Decimal(8,2) Default Null,
  Primary Key ( 商品ID)
);
'''
```

💬 循序渐进

4.1 列表的创建与应用

列表是一个可变序列，是 Python 中使用最频繁的数据类型之一。

4.1.1　创建列表

Python 中的列表由一系列按特定顺序排列的元素组成，列表元素写在中括号"[]"内，两个相邻元素使用半角逗号","分隔。列表中元素的类型可以不相同，因为各个列表元素之间没有关系。列表支持数字、字符串，甚至可以包含列表（即列表嵌套）。

1. 使用赋值运算符直接创建列表

可以使用赋值运算符"="直接将一个列表赋给变量，其基本语法格式如下。

```
变量名称=[元素1,元素2,元素3,…,元素n]
```

列表元素的数据类型和个数都没有限制，只要是 Python 支持的数据类型都可以，但为了增强程序的可读性，一般情况下，列表中各个元素的数据类型是相同的。

示例如下。

```
>>>x = ['a', 'b', 'c']
>>>n = [1, 2, 3]
```

2. 创建空列表

在 Python 中，可以创建空列表，基本语法格式如下。

```
变量名=[]
```

3. 使用 list() 函数创建数值列表

在 Python 中，可以使用 list() 函数创建数值列表，基本语法格式如下。

```
list(data)
```

其中，data 表示可以转换为列表的数据，其类型可以是 range 对象、字符串、元组或者其他可迭代的数据类型。

可以直接使用 range() 函数创建数值列表，示例如下。

```
>>>list(range(5,15,2))
```

运行结果如下。

```
[5, 7, 9, 11, 13]
```

4. 创建嵌套列表

在 Python 中还可以创建嵌套列表，即在列表里创建其他列表，示例如下。

```
>>>x = ['a', 'b', 'c']
>>>n = [1, 2, 3]
>>>list = [x, n]
>>>list
```

运行结果如下。

```
[['a', 'b', 'c'], [1, 2, 3]]
>>>list[0]
```

运行结果如下。

```
['a', 'b', 'c']
>>>list[0][1]
```

运行结果如下。

```
'b'
```

4.1.2 访问列表元素

列表中的每一个元素都有一个编号（也称为索引）。索引从左至右从 0 开始递增，即索引值为 0 表示第 1 个元素，索引值为 1 表示第 2 个元素，依次类推。列表及索引如图 4-2 所示。

列表的索引也可以使用负数，最右一个元素的索引为 -1，倒数第 2 个元素的索引为 -2，依次类推。

元素	元素 1	元素 2	元素 3	元素 4	⋯	元素 $n-1$	元素 n
正索引	0	1	2	3	⋯	$n-2$	$n-1$
负索引	$-n$	$-(n-1)$	$-(n-2)$	$-(n-3)$	⋯	-2	-1

图 4-2 列表及索引

使用索引可以访问列表中的任何元素，访问列表元素的基本语法格式如下。

列表 [索引]

对于列表 list=['a', 'b', 'c', 'd', 'e']，访问其中元素的各种形式及示例如表 4-3 所示。

表4-3 访问列表元素的各种形式及示例

序号	基本语法格式	说明	示例
1	列表名	返回列表中的所有元素	list
2	列表名 [i]	返回列表中索引为 i 的元素，即第 i+1 个元素	list[0]、list[1]、list[2]
3	列表名 [-i]	返回列表中从右开始读取的第 i 个元素	list[-1]、list[-2]

【实例 4-1】演示以多种形式访问列表中的元素

实例 4-1 的代码如下所示。

```
fieldName=[" 商品 ID"," 图书名称 "," 价格 "," 商品编码 "," 出版社 "]
print(" 输出列表 fieldName 的所有元素 : ",fieldName)
print(" 逐个输出列表 fieldName 的前 3 个元素 : ",fieldName[0],fieldName[1],fieldName[2])
print(" 逐个输出列表 fieldName 的后 2 个元素 : ",fieldName[-2],fieldName[-1])
```

fieldName[0]、fieldName[1]、fieldName[2]) 分别表示从列表的左侧开始读取第 1、2、3 个元素，fieldName[-2]、fieldName[-1] 分别表示从列表的右侧开始读取倒数第 1、2 个元素。

实例 4-1 代码的运行结果如下。

```
输出列表 fieldName 的所有元素 : [' 商品 ID', ' 图书名称 ', ' 价格 ', ' 商品编码 ', ' 出版社 ']
逐个输出列表 fieldName 的前 3 个元素 : 商品 ID 图书名称 价格
逐个输出列表 fieldName 的后 2 个元素 : 商品编码 出版社
```

从运行结果可以看出，使用列表名称输出列表中的所有元素时，结果中包括中括号 "[]"；通过列表的索引输出指定的元素时，结果中不包括中括号 "[]"，如果元素的值是字符串，结果中也不包括左右的引号。

4.1.3 截取列表

截取操作是访问列表元素的一种方法，可以访问一定范围内的多个元素。列表被截取后返回一个包含所需元素的新列表。

对于列表 list=['a', 'b', 'c', 'd', 'e']，截取其中元素的各种形式及示例如表 4-4 所示。

表4-4　　　　　　　　　　　　　　截取列表元素的各种形式及示例

序号	基本语法格式	说明	示例
1	列表名 [i:j]	截取列表中索引为 i 至 j 的元素	list[1:3]
2	列表名 [i:]	截取列表中索引为 i 的元素至最后一个元素之间的所有元素	list[2:]
3	列表名 [:j]	截取列表中第 1 个元素至索引为 j-1 的之间的所有元素	list[:3]
4	列表名 [:]	截取列表中的所有元素	list[:]
5	列表名 [i:j:k]	从列表中索引为 i 的元素开始，每隔 k 个截取一个元素，直到索引为 j-1 的元素为止	list[1:3:2]

对于列表 list=['a', 'b', 'c', 'd', 'e']，从左向右的索引值分别为 0、1、2、3、4，从右向左的索引值分别为 -1、-2、-3、-4、-5。

list[1:3] 表示从列表 list 左侧开始读取索引为 1、2 的元素，其返回值为 ['b', 'c']；list[:4] 表示从列表 list 左侧开始读取第 1 至 4 个元素，其返回值为 ['a', 'b', 'c', 'd']；list[3:] 表示从列表 list 中索引为 3 的元素开始读取之后的所有元素，其返回值为 ['d', 'e']；list[:] 表示从列表 list 中读取所有元素，其返回值为 ['a', 'b', 'c', 'd', 'e']，与 t[:5] 的返回值相同，即返回一个包含所有元素的新列表。

列表 list 的截取示意图如图 4-3 所示。

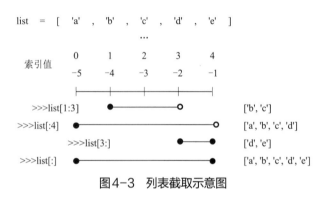

图4-3　列表截取示意图

【实例 4-2】演示以多种形式截取列表

实例 4-2 的代码如下所示。

```
bookData=["1","HTML5+CSS3 移动 Web 开发实战 ","58.00","50676377587"
         ," 人民邮电出版社 "]
print(" 输出列表 bookData 所有元素 1: ",bookData)
print(" 输出列表 bookData 所有元素 2: ",bookData[:])
print(" 输出列表 bookData 第 2 至第 3 个元素: ",bookData[1:3])
print(" 输出列表 bookData 第 2 个与第 5 个元素: ",bookData[1:5:3])
```

【说明】

（1）bookData 与 bookData[:] 都表示输出列表的所有元素。

（2）bookData[1:3] 表示输出第 2 个到第 3 个元素。

（3）bookData[1:5:3] 表示从第 2 个元素开始，每隔 3 个元素输出一个元素，直到第 5 个元素，这里输出第 2 个和第 5 个元素。

实例 4-2 代码的运行结果如图 4-4 所示。

```
输出列表bookData所有元素1：['1', 'HTML5+CSS3移动Web开发实战', '58.00', '50676377587', '人民邮电出版社']
输出列表bookData所有元素2：['1', 'HTML5+CSS3移动Web开发实战', '58.00', '50676377587', '人民邮电出版社']
输出列表bookData第2至第3个元素：['HTML5+CSS3移动Web开发实战', '58.00']
输出列表bookData第2个与第5个元素：['HTML5+CSS3移动Web开发实战', '人民邮电出版社']
```

图4-4 实例4-2代码的运行结果

4.1.4 连接与重复列表

列表支持连接与重复操作，加号"+"用于连接列表，星号"*"用于重复列表。

将列表 list1 元素增加到列表 list 中的基本语法格式如下。

```
list+=list1
```

也可以使用 extend() 实现上述操作，基本语法格式如下。

```
list.extend(list1)
```

将 list 列表的元素重复 *n* 次生成一个新列表的基本语法格式如下。

```
list*=n
```

【实例 4-3】演示列表的连接与重复操作

实例 4-3 的代码如下所示。

```
publisher=[" 人民邮电出版社 "]
bookData1=["2"," 给 Python 点颜色 青少年学编程 "]
bookData2=["59.80","54792975925"," 人民邮电出版社 "]
print(" 输出重复 2 次的列表：",publisher*2)
print(" 输出两个列表的连接结果：",bookData1+bookData2)
```

实例 4-3 代码的运行结果如下。

```
输出重复 2 次的列表：[' 人民邮电出版社 ', ' 人民邮电出版社 ']
输出两个列表的连接结果：['2', ' 给Python,点颜色 青少年学编程 ', '59.80', '54792975925', ' 人民邮电出版社 ']
```

4.1.5 修改与添加列表元素

可以对列表的元素进行修改或添加，列表中的元素是可以改变的。

1. 修改列表元素

要修改列表中的元素，只需要通过索引找到相应元素，然后为其重新赋值即可。

修改列表元素的基本语法格式如下。

```
list[i]=x
```

即将列表 list 中索引值为 i 的元素值替换为 x。

示例如下。

```
>>>list = [1, 2, 3, 4, 5, 6]
>>>list [0] = 9                    #修改列表中元素的值
>>>list [2:5] = [13, 14, 15]       #修改列表中元素的值
>>>list
```

运行结果如下。

```
[9, 2, 13, 14, 15, 6]
```

也可以修改指定区间的列表中的元素值，用列表 list1 替换列表 list 中索引为 i 到 j-1 的元素的基本语法格式如下。

```
list[i:j]=list1
```

示例如下。

```
>>>letters = ['a', 'b', 'c', 'd', 'e', 'f', 'g']
>>>list1=['B', 'C', 'D']
>>>letters[1:3] =list1                          #替换一些元素值
>>>letters
```

运行结果如下。

```
 ['a', 'B', 'C', 'D', 'd', 'e', 'f', 'g']
```

2. 在列表末尾添加元素

可以使用append()方法在列表的末尾添加新元素，在list列表的末尾添加元素x的基本语法格式如下。

```
list.append(x)
```

示例如下。

```
>>>list = [1, 2, 3, 4, 5, 6]
>>>list.append(7)                          #在list列表末尾添加新元素
>>>list
```

运行结果如下。

```
[1, 2, 3, 4, 5, 6, 7]
```

4.1.6　删除列表元素

1. 将列表元素赋为空值

在Python中，列表中的元素是可以删除的。

示例如下。

```
>>>list = [1, 2, 3, 4, 5, 6]
>>>list[2:5] = []                          #删除列表中第3至第5个元素
>>>list
```

运行结果如下。

```
[1, 2, 6]
>>>list[:] = []                            #清除列表
>>>list
```

运行结果如下。

```
[]
```

2. 使用del语句删除列表元素

在Python中可以使用del语句来删除列表的元素，删除列表list中索引为i到j-1且以k为步长的元素，其基本语法格式如下。

```
del list[i:j:k]
```

示例如下。

```
>>>list = [1, 2, 3, 4, 5, 6]
>>>del list[2]
>>>print ("删除第3个元素后的列表:",list)
>>>list
```

运行结果如下。

```
删除第3个元素后的列表: [1, 2, 4, 5, 6]
```

从运行结果可以看出，第 3 个元素"3"被删除了。

示例如下。

```
>>>letters = ['a', 'b', 'c', 'd', 'e', 'f', 'g']
>>>del letters[2:7:2]
>>>print (" 删除索引为 2 至 6 且以 2 为步长的元素后的列表: ", letters)
```

运行结果如下。

```
删除索引为2至6且以2为步长的元素后的列表: ['a', 'b', 'd', 'f']
```

从运行结果可以看出，第 3、5、7 个元素"c""e""g"被删除了。

4.1.7　列表运算符

列表的运算符及示例如表 4-5 所示。

表4-5　　　　　　　　　　　列表的运算符及示例

序号	Python 表达式	运算结果	说明
1	[1, 2, 3] + [4, 5, 6]	[1, 2, 3, 4, 5, 6]	组合列表
2	['go!'] * 3	['go!', 'go!', 'go!']	重复列表
3	3 in [1, 2, 3]	True	检测某元素是否存在于列表中
4	for x in [1, 2, 3]: 　　print(x, end=" ")	1 2 3	迭代列表

Python 中列表的成员运算符有 in 和 not in。in 用于检查指定元素是否是列表成员，即检查列表中是否包含指定元素。其基本语法格式如下。

```
元素  in  列表
```

示例如下。

```
>>>list=[1,2,3,4]
>>>3 in list
```

运行结果如下。

```
True
```

如果列表中存在指定元素，则返回值为 True，否则返回值为 False。

在 Python 中，也可以使用 not in 检查指定元素是否不包含在指定的列表中。其基本语法格式如下。

```
元素  not in  列表
```

示例如下。

```
>>>list=[1,2,3,4]
>>>5 not in list
```

运行结果如下。

```
True
```

4.1.8　Python 列表的内置函数与基本方法

1. Python 列表的内置函数

Python 列表的内置函数及说明如表 4-6 所示。

表4-6   Python列表的内置函数及说明

序号	函数	说明
1	len(list)	返回列表 list 元素的个数，即列表的长度
2	max(list)	返回列表 list 元素的最大值
3	min(list)	返回列表 list 元素的最小值
4	sum(list[,start])	返回列表 list 元素的和，其中 start 用于指定统计结果的开始位置，是可选参数，如果没有指定，其默认值为 0
5	sorted(list, key=None, reverse=False)	对列表 list 的元素进行排序，使用该函数进行排序会创建一个原列表的副本，该副本为排序后的列表，原列表的元素顺序不会改变。其中，key 用于指定排序规则；reverse 为可选参数，如果将其值指定为 True，则表示降序排列，如果指定为 False，则表示升序排列，默认为升序排列
6	reversed(list)	反转列表 list 中的元素
7	str(list)	将列表 list 转换为字符串
8	list(seq)	将元组 seq 转换为列表
9	enumerate(list)	将列表 list 组合为一个索引列表，多用于 for 循环语句中

2. Python 列表的基本方法

Python 列表的基本方法及说明如表 4-7 所示。

表4-7   Python列表的基本方法及说明

序号	方法	说明
1	list.append(x)	在列表 list 末尾添加新的元素 x
2	list.extend(seq)	在列表 list 末尾一次性追加另一个序列中的多个元素
3	list.insert(i,x)	在列表 list 的第 i 个位置插入新元素 x
4	list.copy()	复制列表 list，生成新的列表
5	list.pop([index=-1])	移除列表 list 中的一个元素（默认为最后一个元素），且返回该元素的值
	list.pop(i)	将列表 list 中的第 i 个元素删除
6	list.remove(x)	移除列表 list 中第一个值为 x 的元素
7	list.clear()	清空列表 list，即删除列表 list 中的所有元素
8	list.reverse()	反转列表 list 中的元素
9	list.sort(key=None, reverse=False)	对原列表 list 进行排序，使用该方法进行排序会改变原列表的元素顺序。其中 key 用于指定排序规则；reverse 为可选参数，如果将其值指定为 True，则表示降序排列，如果指定为 False，则表示升序排列，默认为升序排列
10	list.index(x)	从列表 list 中找出指定元素值首个匹配元素的索引值
11	list.count(x)	统计指定元素在列表 list 中出现的次数

【任务 4-1】遍历列表

【任务描述】

（1）在 PyCharm 中创建项目"Unit04"。

（2）在项目"Unit04"中创建 Python 程序文件"t4-1.py"。

（3）使用 for 循环语句遍历列表，输出列表中所有元素的值。

（4）使用 for 循环语句结合 enumerate() 函数遍历列表，输出列表中所有元素的索引值和元素值。

【任务实施】

1. 创建 PyCharm 项目"Unit04"

成功启动 PyCharm 后，在指定位置"D:\PycharmProject\"创建 PyCharm 项目"Unit04"。

2. 创建 Python 程序文件"t4-1.py"

在 PyCharm 项目"Unit04"中，新建 Python 程序文件"t4-1.py"，PyCharm 窗口中显示程序文件"t4-1.py"的代码编辑区域，在该程序文件的代码编辑区域中自动添加了模板内容。

3. 编写 Python 代码

在文件"t4-1.py"的代码编辑区域中的已有模板注释内容下面输入代码，程序文件"t4-1.py"的代码如下所示。

```
bookData=["1","HTML5+CSS3 移动 Web 开发实战 ","58.00","50676377587"," 人民邮电出版社 "]
print(" 遍历输出列表 bookData 所有元素：")
for item in bookData:
    print(item, end="  ")
print("")
print(" 遍历输出列表 bookData 所有元素及其索引：")
for index,item in enumerate(bookData):
    print(index+1,item)
```

单击工具栏中的【保存】按钮，保存程序文件"t4-1.py"。

4. 运行 Python 程序

在 PyCharm 窗口中选择【运行】菜单，在弹出的下拉菜单中选择【运行】命令。在弹出的【运行】对话框中选择【t4-1】选项，程序文件"t4-1.py"开始运行。

程序文件"t4-1.py"的运行结果如下。

遍历输出列表 bookData 所有元素：

```
1 HTML5+CSS3 移动 Web 开发实战  58.00  50676377587    人民邮电出版社
```

遍历输出列表 bookData 所有元素及其索引：

```
1 1
2 HTML5+CSS3 移动 Web 开发实战
3 58.00
4 50676377587
5 人民邮电出版社
```

4.2 元组的创建与应用

Python 的元组与列表类似，也是由一系列按特定顺序排列的元素组成的，不同之处在于元组一旦创建其元素不能修改，所以元组又称为不可变的列表。

4.2.1 创建元组

1. 使用赋值运算符创建元组

创建元组只需要将元组的所有元素放在一对小括号"()"中，两个相邻元素之间用半角逗号","隔开。

创建元组时，可以使用赋值运算符"="直接将一个元组赋给变量，基本语法格式如下。

```
变量名=(元素1,元素2,元素3,…,元素n)
```

可以将整数、浮点数、字符串、列表、元组等 Python 支持的任何类型的内容作为元素值放入元组中，并且在同一个元组中，元素的类型也可以不同，因为元组的元素之间没有相关关系。元组中元素个数也没有限制。

示例如下。

```
>>>tuple1 = (1, 2, 3, 4, 5 )
>>>tuple1
>>>tuple2 = "a", "b", "c", "d"     #不用小括号也可以，小括号并不是必需的
>>>tuple2
```

运行结果如下。

```
(1, 2, 3, 4, 5)
('a', 'b', 'c', 'd')
>>>type(tuple2)
```

运行结果如下。

```
<class 'tuple'>
```

2. 创建空元组

在 Python 中，也可以创建空元组。创建空元组（即包含 0 个元素的元组）的基本语法格式如下。

```
tuple = ()      #空元组
```

3. 创建只包含一个元素的元组

创建包含 0 个或一个元素的元组是个特殊的问题，所以有一些额外的语法规则。当元组中只包含一个元素时，需要在元素后面添加半角逗号，否则小括号会被当作运算符使用，示例如下。

```
>>>tuple1 = (50,)        #创建包含一个元素的元组，需要在元素后添加半角逗号
>>>type(tuple1)          #加逗号，类型为元组
```

运行结果如下。

```
<class 'tuple'>
>>>tuple2 = (50)
>>>type(tuple2)          #不加逗号，类型为整型
<class 'int'>
```

空元组可以用于为函数传递一个空值或者返回空值。

4. 创建元素类型不同的元组

元组中的元素类型也可以不相同，示例如下。

```
>>>bookData=(2,"给 Python 点颜色 青少年学编程",59.80,"人民邮电出版社")
```

```
>>>bookData
```

运行结果如下。

```
(2, '给 Python 点颜色 青少年学编程', 59.8, '人民邮电出版社')
```

5. 使用 tuple() 函数创建数值元组

在 Python 中，可以使用 tuple() 函数创建数值元组，其基本语法格式如下。

```
tuple(data)
```

其中，data 表示可以转换为元组的数据，其类型可以是 range 对象、字符串、元组或者其他可迭代的数据类型。

可以直接使用 range() 函数创建数值列表，示例如下。

```
>>>tuple(range(5,15,2))
```

运行结果如下。

```
(5, 7, 9, 11, 13)
```

4.2.2 访问元组元素

可以使用索引来访问元组中的元素，元组的索引从 0 开始，也可以进行截取。
示例如下。

```
>>>tuple = (1, 2, 3, 4, 5, 6, 7 )
>>>print(tuple)              # 输出完整元组，结果包括小括号 "()"
>>>print(tuple[0])           # 输出元组的第 1 个元素
>>>print(tuple[2])           # 输出元组的第 3 个元素
>>>print(tuple[-2])          # 反向读取，输出元组的倒数第 2 个元素
```

运行结果如下。

```
(1, 2, 3, 4, 5, 6, 7)
1
3
6
```

4.2.3 截取元组

因为元组也是序列，所以可以访问元组中指定位置的元素，也可以截取其中的一段元素。
示例如下。

```
>>>tuple = (1, 2, 3, 4, 5, 6, 7 )
>>>print(tuple)              # 输出元组的全部元素
>>>print(tuple[1:3])         # 输出第 2 个元素到第 3 个元素
>>>print(tuple[2:])          # 输出从第 3 个元素开始的所有元素
(1, 2, 3, 4, 5, 6, 7)
(2, 3)
(3, 4, 5, 6, 7)
```

4.2.4 连接与重复元组

元组也支持连接与重复操作，加号 "+" 用于连接元组，星号 "*" 用于重复元组。
示例如下。

```
>>>tuple1, tuple2 = (1, 2, 3), (4, 5, 6)
>>>tuple= tuple1+tuple2      # 连接元组，连接的内容必须都是元组
>>>print(tuple)
```

```
>>>print(tuple * 2)          #输出2次元组
(1, 2, 3, 4, 5, 6)
(1, 2, 3, 4, 5, 6, 1, 2, 3, 4, 5, 6)
```

【说明】 在进行元组连接操作时，连接的内容必须都是元组，不能将元组和列表或者字符进行连接。如果要连接的元组只有一个元素，不要忘记在这个元素后面添加半角逗号","。

【实例4-4】 演示以多种形式访问元组中的元素

实例4-4的代码如下所示。

```
fieldName=("商品ID","图书名称","价格","商品编码","出版社")
bookData=("1","HTML5+CSS3移动Web开发实战","58.00","50676377587"
        ,"人民邮电出版社")
print("输出元组fieldName所有元素：",fieldName)
print("输出元组bookData所有元素：",bookData[:])
print("输出元组fieldName第2个元素：",fieldName[1])
print("输出元组fieldName倒数第1个元素：",fieldName[-1])
print("输出元组bookData第2个与第5个元素：",bookData[1:5:3])
print("输出元组bookData第2至第3个元素：",bookData[1:3])
```

实例4-4代码的运行结果如图4-5所示。

输出元组fieldName所有元素：('商品ID', '图书名称', '价格', '商品编码', '出版社')
输出元组bookData所有元素：('1', 'HTML5+CSS3移动Web开发实战', '58.00', '50676377587', '人民邮电出版社')
输出元组fieldName第2个元素：图书名称
输出元组fieldName倒数第1个元素：出版社
输出元组bookData第2个与第5个元素：('HTML5+CSS3移动Web开发实战', '人民邮电出版社')
输出元组bookData第2至第3个元素：('HTML5+CSS3移动Web开发实战', '58.00')

图4-5　实例4-4代码的运行结果

4.2.5　修改元组元素

元组中的单个元素值是不允许修改的，示例如下。

```
>>>tuple = (1, 2, 3, 4, 5, 6)
>>>print(tuple[0], tuple[1:5])
```

运行结果如下。

```
1 (2, 3, 4, 5)
>>>tuple[0] = 11      #修改元组中元素的操作是非法的
```

执行以上代码会出现如下所示的异常信息。

```
Traceback (most recent call last):
  File "<stdin>", line 1, in <module>
TypeError: 'tuple' object does not support item assignment
```

但可以对元组重新赋值，示例如下。

```
>>>bookData=("1","HTML5+CSS3移动Web开发实战","58.00","人民邮电出版社")
>>>bookData=("3","零基础学Python（全彩版）","79.80","吉林大学出版社")
>>>print("输出元组bookData修改后的所有元素：",bookData)
```

运行结果如下。

输出元组bookData修改后的所有元素：('3', '零基础学Python(全彩版)', '79.80', '吉林大学出版社')

虽然元组的元素不可改变，但它可以包含可变的对象，例如列表。示例如下。

```
>>>tuple = (1, 2, 3, 4, [5, 6])
>>>print(tuple)
```

运行结果如下。

```
(1, 2, 3, 4, [5, 6])
>>>tuple[4][0] = 15      #修改元组中列表元素的元素是可以的
>>>print(tuple)
```

运行结果如下。

```
(1, 2, 3, 4, [15, 6])
```

4.2.6　删除元组元素

元组中的元素是不允许删除的，但可以使用 del 语句来删除整个元组，示例如下。

```
>>>tuple = (1, 2, 3, 4, 5, 6)
>>>tuple[0]=()
```

执行以上代码会出现以下异常信息。

```
  File "<stdin>", line 1, in <module>
TypeError: 'tuple' object does not support item assignment
>>>del tuple
>>>print(tuple[0])
```

元组被删除后，输出元组的元素会出现异常信息，如下所示。

```
Traceback (most recent call last):
  File "<stdin>", line 1, in <module>
TypeError: 'type' object is not subscriptable
```

4.2.7　元组运算符

元组运算符及示例如表 4-8 所示。

表4-8　　　　　　　　　　　　元组运算符及示例

序号	Python 表达式	结果	说明
1	(1, 2, 3) + (4, 5, 6)	(1, 2, 3, 4, 5, 6)	连接元组
2	('Go!',) * 3	('Go!', 'Go!', 'Go!')	复制元组
3	3 in (1, 2, 3)	True	检测某元素是否存在元组中
4	for item in (1, 2, 3): 　print(item, end=" ")	1 2 3	迭代元组

4.2.8　元组的内置函数与基本方法

1. Python 元组的内置函数

Python 元组的内置函数及示例如表 4-9 所示。

表4-9　　　　　　　　　　　Python元组的内置函数及示例

序号	函数	功能描述	示例	示例运行结果
1	len(tuple)	计算元组元素的个数	>>>tuple = ('1', '2', '3') >>>len(tuple)	3
2	max(tuple)	返回元组中元素的最大值	>>>tuple = ('5', '4', '8') >>>max(tuple)	8
3	min(tuple)	返回元组中元素的最小值	>>>tuple = ('5', '4', '8') >>>min(tuple)	4

2. Python 元组的基本方法

Python 元组主要有以下方法。

（1）count() 方法。

该方法用于统计元组指定元素出现的次数，例如：tuple.count('str')。

（2）index() 方法。

该方法用于查看指定元素的索引，例如：tuple.index('str')。

（3）sorted() 方法。

该方法用于对元组的元素进行排序，例如：sorted(tuple)。

示例如下。

```
>>>tuple = ('1', '2', '3', '1', '2', '3')
>>>tuple.index('2')
>>>tuple.count('2')
>>>sorted(tuple)
```

运行结果如下。

```
1
2
['1', '1', '2', '2', '3', '3']
```

【任务 4-2】遍历元组

【任务描述】

（1）在项目"Unit04"中创建 Python 程序文件"4-2.py"。

（2）使用 for 循环语句遍历元组，输出元组中所有元素的值。

（3）使用 for 循环语句结合 enumerate() 函数遍历元组，输出元组中所有元素及其索引。

【任务实施】

1. 创建 Python 程序文件"t4-2.py"

在 PyCharm 项目"Unit04"中，新建 Python 程序文件"t4-2.py"，PyCharm 窗口中显示程序文件"t4-2.py"的代码编辑区域，在该程序文件的代码编辑区域中自动添加了模板内容。

2. 编写 Python 代码

在文件"t4-2.py"的代码编辑区域中的已有模板注释内容下面输入代码，程序文件"t4-2.py"的代码如下所示。

```
fieldName=("商品 ID","图书名称","价格","商品编码","出版社")
bookData=("1","HTML5+CSS3 移动 Web 开发实战","58.00","50676377587","人民邮电出版社")
print("遍历输出元组 fieldName 和 bookData 所有元素：")
for i in range(0,len(fieldName)):
    print(fieldName[i], end="    ")
print(" ")
for item in bookData:
```

```
    print(item, end="    ")
print(" ")
print("遍历输出元组 bookData 所有元素及其索引：")
for index,item in enumerate(bookData):
    print(index+1,item)
```

单击工具栏中的【保存】按钮，保存程序文件"t4-2.py"。

3. 运行 Python 程序

在 PyCharm 窗口中选择【运行】菜单，在弹出的下拉菜单中选择【运行】命令。在弹出的【运行】对话框中选择【t4-2】选项，程序文件"t4-2.py"开始运行。

程序文件"t4-2.py"的运行结果如下。

```
遍历输出元组 fieldName 和 bookData 所有元素：
商品 ID      图书名称        价格      商品编码        出版社
1      HTML5+CSS3 移动 Web 开发实战    58.00    50676377587      人民邮电出版社
```

遍历输出元组 bookData 所有元素及其索引：

```
1 1
2 HTML5+CSS3 移动 Web 开发实战
3 58.00
4 50676377587
5 人民邮电出版社
```

4.3　字典的创建与应用

字典是 Python 中一种非常有用的数据类型。字典是一种映射类型（Mapping Type），用大括号"{ }"标识，它的元素是键值对。

列表是有序的对象集合，字典是无序的对象集合。两者之间的区别在于：字典中的元素是通过键来存取的，而不是通过偏移存取。

4.3.1　创建字典

字典是一个无序的键值对的集合。字典以键为索引，一个键对应一个值，可以存储 Python 支持的任意类型对象。

1. 直接使用大括号"{}"创建字典

定义字典时，字典的所有元素放入大括号"{}"中，每个元素都包含两个部分，即"键"和"值"。字典的每个键与值用半角冒号":"分隔，每两个元素（键值对）之间用半角逗号","分隔，基本语法格式如下所示。

```
dictionary = {key1 : value1, key2 : value2,…, keyn : valuen}
```

示例如下。

```
>>>dict = {"name":"李明","age":21,"gender":"男","math":86,"english":92}
>>>dict1 = {"name":"李明","age":21,"gender":"男"}
>>>dict2 = {"math":86,"english":92}
```

字典值可以是任何的 Python 对象，既可以是标准的对象，也可以是用户定义的对象，但键不行。字典中键的特性如下。

（1）在同一个字典中，键必须是唯一的。

字典中不允许同一个键出现两次。创建字典时如果同一个键被赋值两次，后一个值会覆盖前一个值，示例如下。

```
>>>dict = {"name":" 李 明 ","age":21,"gender":" 男 ","math":86,"english":92,
"name":"LiMing"}
>>>print(dict)
>>>print(dict["name"])
```

运行结果如下。

```
{'name': 'LiMing', 'age': 21, 'gender': '男 ', 'math': 86, 'english': 92}
LiMing
```

（2）字典的键必须是不可变类型，而值可以是任何数据类型，并且值不是必须唯一。

字典的键的类型可以是数字、字符串或元组，但列表和包含可变类型的元组不能作键。

2. 创建空字典

（1）使用空的大括号 {} 创建空字典。

示例如下。

```
>>>dictionary = {}   # 创建空字典
>>> print(dictionary)
```

运行结果如下。

```
{}
```

（2）使用 dict() 方法创建空字典。

示例如下。

```
>>>dictionary=dict()
>>>print(dictionary)
```

运行结果如下。

```
{}
```

3. 通过映射函数创建字典

使用 dict() 方法和 zip() 函数通过已有数据快速创建字典，其基本语法格式如下。

```
dictionary=dict(zip(listkey,listvalue))
```

其中，zip() 函数用于将多个列表或元组对应位置的元素组合为元组，并返回包含这些内容的 zip 对象。如果想得到元组，可以使用 tuple() 函数将 zip 对象转换为元组；如果想得到列表，则可以使用 list() 函数将 zip 对象转换为列表。

例如，listkey 是一个用于指定要生成字典的键的列表，listvalue 是一个用于指定要生成字典的值的列表，代码如下。

```
>>>listkey=["name","age","gender"]
>>>listvalue =[" 李明 ",21, " 男 "]
>>>dictionary=dict(zip(listkey,listvalue))
>>>print(dictionary)
```

运行结果如下。

```
{'name': ' 李明 ', 'age': 21, 'gender': ' 男 '}
```

4. 通过给定的"键参数"创建字典

使用 dict() 方法，通过给定的"键参数"创建字典的基本语法格式如下。

```
dictionary =dict(key1=value1, key2=value2,…, keyn=valuen)
```

其中，key1、key2……keyn 表示参数名，必须是唯一的，并且要符合 Python 标识符的命名规则，这些参数名会转换为字典的键；value1、value2……valuen 表示参数值，可以是任何数据类型，不一定是唯一的，这些参数值将被转换为字典的值。

示例如下。

```
>>>dictionary = dict(name="李明",age=21,gender="男")
>>>print(dictionary)
```

运行结果如下。

```
{'name': '李明', 'age': 21, 'gender': '男'}
```

在 Python 中，还可以使用 dict 对象的 fromkeys() 方法创建值为空的字典，其基本语法格式如下。

```
dictionary=dict.fromkeys(list)
```

其中，list 表示字典的键列表。

也可以通过已经存在的元组和列表创建字典，其基本语法格式如下。

```
dictionary={tuple:list}
```

其中，tuple 表示作为键的元组，list 表示作为值的列表。

4.3.2 访问字典的值

1. 通过键值对访问字典的值

字典中的元素以"键"信息为索引进行访问，把相应的"键"放入中括号中即可访问字典的值。在 Python 中使用字典的 get() 方法也可获取指定键的值。

【实例 4-5】演示以多种形式访问字典的键与值

实例 4-5 的代码如下所示。

```
dict = {"name":"李明","age":21,"gender":"男","math":86,"english":92}
print(dict["name"]," ",dict["age"])        # 通过键查询
print(dict)                                # 输出完整的字典
print(dict.keys())                         # 输出所有键
print(dict.values())                       # 输出所有值
```

实例 4-5 代码的运行结果如下。

```
李明    21
{'name': '李明', 'age': 21, 'gender': '男', 'math': 86, 'english': 92}
dict_keys(['name', 'age', 'gender', 'math', 'english'])
dict_values(['李明', 21, '男', 86, 92])
```

如果使用字典里没有的键访问数据，会出现异常，示例如下。

```
>>>print(dict["Name"])
```

执行以上代码会出现以下异常信息。

```
Traceback (most recent call last):
  File "D:/PycharmProject/Practice/Unit04/p4-8.py", line 11, in <module>
    print(dict["Name"]," ",dict["age"])
KeyError: 'Name'
```

2. 遍历字典

Python 提供了遍历字典的方法，使用字典的 items() 方法可以获取字典的全部键值对列表，其基本语法格式如下。

```
dictionary.items()
```

其中，dictionary 表示字典对象，返回值为可遍历的键值对的元组。想要获取具体的键值对，可以通过 for 循环遍历该元组。

Python 中还提供了 keys() 和 values() 方法，分别用于返回字典的键和值的列表，想要获取具体的键和值，可以通过 for 循环遍历该列表。

4.3.3　修改与添加字典的值

字典长度是可变的，可以通过对"键"信息赋值的方法实现增加或修改键值对。向字典中添加元素的基本语法格式如下。

```
dictionary[key]=value
```

其中，key 表示要添加元素的键，必须是唯一的，并且不可变，可以是字符串、数字或元组；value 表示要添加元素的值，可以是任何 Python 支持的数据类型，不是必须唯一。

可以先创建空字典，然后添加字典的值，示例如下。

```
>>>dict = {}
>>>dict["name"] = "李明"
>>>dict["age"]=22
>>>dict["gender"]="男"
>>>print(dict)
```

运行结果如下。

```
{'name': '李明', 'age': 22, 'gender': '男'}
```

由于在字典中，键必须是唯一的，如果新添加元素的键与已经存在的键重复，则将使用新值替换原来该键的值，这就相当于修改字典的元素。

示例如下。

```
>>>dict = {"name":"李明","age":21,"gender":"男"}
>>>dict["age"]=23        #修改 age 的值
>>>dict["math"]=90       #添加一个键值对
>>>print(dict)
```

运行结果如下。

```
{'name': '李明', 'age': 23, 'gender': '男', 'math': 90}
```

4.3.4　删除字典元素

在 Python 中，使用 del 语句可以删除字典中的一个元素，也能删除字典。

示例如下。

```
>>>dict = {"name":"李明","age":21,"gender":"男"}
>>>del dict["age"]       #删除键值对 age
>>>print(dict)
```

运行结果如下。

```
{'name': '李明', 'gender': '男'}
```

如果输出一个不存在字典中的键，将会出现异常。

```
>>>del dict               # 删除字典 dict
>>>print(dict["name"])
```

运行结果如下。

```
Traceback (most recent call last):
  File "<stdin>", line 1, in <module>
TypeError: 'type' object is not subscriptable
```

引发异常的原因是使用 del 语句执行删除字典操作后，该字典已不存在。

【实例4-6】演示访问、修改与删除字典元素

实例 4-6 的代码如下所示。

```
bookData={"商品ID":"1","图书名称":"HTML5+CSS3移动Web开发实战","价格":"58.00"}
bookData1={"商品ID":"4","图书名称": "给Python点颜色 青少年学编程"}
print("输出字典bookData的所有元素: ",bookData)
print("输出字典bookData中指定键'图书名称'的值: ",bookData['图书名称'])
print("bookData3字典初始长度为: ",len(bookData1))
bookData1['价格']=59.80
print("bookData3字典添加一个元素的长度为: ",len(bookData1))
print("输出添加一个元素的字典bookData1的所有元素: ",bookData1)
del bookData1['价格']
print("bookData3字典删除一个元素的长度为: ",len(bookData1))
print("输出删除一个元素的字典bookData3的所有元素: ",bookData1)
bookData['价格']=45.20
print("输出修改了价格键对应值的字典bookData的所有元素: ",bookData)
```

实例 4-6 代码的运行结果如图 4-6 所示。

输出字典bookData的所有元素: {'商品ID': '1', '图书名称': 'HTML5+CSS3移动Web开发实战', '价格': '58.00'}
输出字典bookData中指定键'图书名称'的值: HTML5+CSS3移动Web开发实战
bookData3字典初始长度为: 2
bookData3字典添加一个元素的长度为: 3
输出添加一个元素的字典bookData1的所有元素: {'商品ID': '4', '图书名称': '给Python点颜色 青少年学编程', '价格': 59.8}
bookData3字典删除一个元素的长度为: 2
输出删除一个元素的字典bookData3的所有元素: {'商品ID': '4', '图书名称': '给Python点颜色 青少年学编程'}
输出修改了价格键对应值的字典bookData的所有元素: {'商品ID': '1', '图书名称': 'HTML5+CSS3移动Web开发实战', '价格': 45.2}

图4-6　实例4-6代码的运行结果

4.3.5　字典的内置函数与基本方法

1. 字典的内置函数

Python 字典的内置函数及示例如表 4-10 所示。各示例中的字典为 dict = {"name":"李明","age":21,"gender":"男"}。

表4-10　　　　　　　　　　　Python字典的内置函数及示例

序号	函数	函数描述	示例	结果
1	len(dict)	计算字典元素的个数，即键的总数	len(dict)	3
2	str(dict)	输出字典，以可输出的字符串表示	str(dict)	"{'name': '李明', 'age': 21, 'gender': '男'}"
3	type(variable)	返回输入的变量类型，如果变量是字典就返回字典类型	type(dict)	<class 'dict'>

2. 字典的基本方法

Python 字典的基本方法及作用如表 4-11 所示。

表4-11　　　　　　　　　　Python字典的基本方法及作用

序号	方法	作用
1	dictionary.clear()	删除字典内所有元素（键值对）
2	dictionary.copy()	返回一个字典的副本
3	dictionary.fromkeys(seq[, value])	创建一个新字典，以序列 seq 中的元素为字典的键，以 value 为字典所有键对应的初始值
4	dictionary.get(key, default=None)	返回指定键的值，如果值不在字典中则返回 default 值，如果省略了默认值，则返回 None
5	key in dictionary	如果键在字典 dictionary 里存在，则返回 True，否则返回 False
6	dictionary.items()	以列表返回可遍历的键值对
7	dictionary.keys()	返回字典的所有键信息
8	dictionary.values()	返回字典的所有值信息
9	dictionary.setdefault(key, default=None)	和 get() 类似，但如果指定键在字典中不存在，将会添加键并将其值设为 default
10	dictionary.update(dict2)	把字典 dict2 的键值对更新到 dictionary 里
11	dictionary.pop(key[,default])	删除字典给定键 key 对应的值，返回被删除的值。key 值必须指定，否则，返回 default 值
12	dictionary.popitem()	随机返回并删除字典中的最后一个键值对元素

【任务 4-3】遍历字典

【任务描述】

（1）在项目"Unit04"中创建 Python 程序文件"t4-3.py"。
（2）使用 for 循环语句遍历字典，输出字典中所有元素的值。
（3）使用 for 循环语句结合 items() 方法遍历字典，输出字典中所有元素的键和值。

【任务实施】

在 PyCharm 项目"Unit04"中创建 Python 程序文件"t4-3.py"。在程序文件"t4-3.py"中编写代码，实现所需功能，程序文件"t4-3.py"的代码如下所示。

```
bookData={"商品ID": "1", "图书名称": "HTML5+CSS3移动Web开发实战", "价格": "58.00"}
print("遍历输出字典bookData的所有元素：")
for item in bookData.items():
    print(item)
print("遍历输出字典bookData的所有键与值：")
for key,value in bookData.items():
    print(key,":",value,end="  ")
```

程序文件"t4-3.py"的运行结果如下。

```
遍历输出字典bookData的所有元素：
('商品ID', '1')
('图书名称', 'HTML5+CSS3移动Web开发实战')
('价格', '58.00')
遍历输出字典bookData的所有键与值：
```

商品 ID：1　图书名称：HTML5+CSS3 移动 Web 开发实战　价格：58.00

4.4　集合的创建与应用

集合是一个无序的、无重复元素的序列，由一个或数个元素组成，构成集合的事物或对象称作元素或成员。

4.4.1　创建集合

集合使用大括号"{}"表示，元素间用半角逗号分隔；集合中每个元素是唯一的，不存在相同元素，集合元素之间无序。

可以使用大括号"{}"或者 set() 函数创建集合，要创建一个空集合只能使用 set() 函数，而不能使用大括号"{ }"。因为在 Python 中，直接使用一对大括号"{ }"表示创建一个空字典，而不是空集合。

1.　直接使用大括号"{}"创建集合

使用大括号"{}"创建集合的基本语法格式如下。

```
sets = {element1, element2, element3,…,elementn}
```

其中，sets 表示集合的名称，可以是任何符合 Python 命名规则的标识符；element1、element2、element3、elementn 表示集合中的元素，元素个数没有限制，并且只要是 Python 支持的数据类型就可以。

在创建集合时，如果出现了重复的元素，Python 会自动只保留一个，重复的元素被自动去掉。

示例如下。

```
>>>fruits = {"苹果", "橘子", "苹果", "梨", "橘子", "香蕉"}
>>>print(fruits)                #输出集合，重复的元素被自动去掉
```

运行结果如下。

```
{'苹果', '梨', '香蕉', '橘子'}
```

2.　使用 set() 函数创建集合

在 Python 中创建集合时推荐使用 set() 函数，可以使用 set() 函数将列表、元组等其他可迭代对象转换为集合。使用 set() 函数创建集合的基本语法格式如下。

```
sets =set(iteration)
```

其中，iteration 表示要转换为集合的可迭代对象，可以是列表、元组、range 对象等，也可以是字符串，如果是字符串，返回的集合将包含全部不重复字符。

示例如下。

```
>>>fruits1 = set(["苹果", "橘子", "梨","香蕉"])
>>>print(fruits1)
```

运行结果如下。

```
{'苹果', '梨', '香蕉', '橘子'}
>>>fruits2 = set(("苹果", "橘子", "梨", "香蕉"))
```

```
>>>print(fruits2)
```
运行结果如下。
```
{'苹果', '梨', '香蕉', '橘子'}
```

4.4.2　修改与添加集合的元素

添加集合元素的基本语法格式如下。
```
sets.add( x )
```
添加的元素只能是字符串、数字、布尔值（True 或 False）、元组等不可变对象，不能列表、字典等可变对象。如果元素已存在，则不进行任何操作。

示例如下。
```
>>>fruits = {"苹果", "橘子"}
>>>fruits.add("香蕉")
>>>print(fruits)
```
运行结果如下。
```
{'苹果', '香蕉', '橘子'}
```

还有一个方法，也可以用于添加集合元素，并且参数可以是列表、元组、字典等，其基本语法格式如下。
```
sets.update( x )
```
添加的元素可以有多个，用半角逗号分开。

示例如下。
```
>>>fruits = {"苹果", "橘子"}
>>>fruits.update({"香蕉"})
>>>print(fruits)
```
运行结果如下。
```
{'苹果', '香蕉', '橘子'}
>>>fruits = {"苹果", "橘子"}
>>>fruits.update(["香蕉", "梨"])
>>>print(fruits)
```
运行结果如下。
```
{'苹果', '梨', '香蕉', '橘子'}
```

4.4.3　删除集合元素

1. 移除集合元素

从集合中移除元素的基本语法格式如下。
```
sets.remove( x )
```
如果指定的元素不存在，则执行移除操作会出现异常。

示例如下。
```
>>>fruits = {"苹果", "橘子", "梨", "香蕉"}
>>>fruits.remove("梨")
>>>print(fruits)
```
运行结果如下。

```
{'苹果', '香蕉', '橘子'}
>>>fruits = {"苹果", "橘子", "梨", "香蕉"}
>>>fruits.remove("樱桃")    #指定删除的集合元素不存在时，会出现异常
Traceback (most recent call last):
  File "<stdin>", line 1, in <module>
KeyError: '樱桃'
```

还有一个方法 discard() 也能用于移除集合中的元素，并且当指定元素不存在时，不会出现异常。其基本语法格式如下所示。

```
sets.discard( x )
```

示例如下。

```
>>>fruits = {"苹果", "橘子", "梨", "香蕉"}
>>>fruits.discard ("梨")
>>>fruits.discard ("樱桃")    #指定删除的集合元素不存在时，不会出现异常
>>>print(fruits)
```

运行结果如下。

```
{'苹果', '香蕉', '橘子'}
```

2. 随机删除集合中的一个元素

使用 pop() 方法可以实现随机删除集合中的一个元素，其基本语法格式如下。

```
sets.pop()
```

集合的 pop() 方法会对集合进行无序排列，然后将这个无序排列集合左侧的第一个元素删除。

示例如下。

```
>>>fruits = {"苹果", "橘子", "梨", "香蕉"}
>>>fruits.pop()
```

运行结果如下。

```
'苹果'
>>>fruits.pop()
```

运行结果如下。

```
'梨'
```

使用 pop() 方法随机删除集合中的元素时，多次运行的结果都不一样。

3. 清空集合

使用 clear() 方法可以删除集合中的全部元素，实现清空集合，其基本语法格式如下。

```
set.clear()
```

示例如下。

```
>>>fruits = {"苹果", "橘子", "梨", "香蕉"}
>>>fruits.clear()
>>>print(fruits)
```

运行结果如下。

```
set()
```

【实例 4-7】演示 Python 集合中添加与删除元素的操作

实例 4-7 的代码如下。

```
bookData1={"2","PPT 设计从入门到精通 "}
bookData2={"3"," 零基础学 Python（全彩版）","79.80","12353915"," 吉林大学出版社 "}
```

```
bookData1.add("79.00")
bookData1.add("12528944")
bookData1.add(" 人民邮电出版社 ")
print(" 输出添加了 3 个元素的集合 bookData1: ",bookData1)
bookData2.remove('12353915')
print(" 输出删除了指定元素的集合 bookData2: ",bookData2)
bookData2.pop()
print(" 输出删除了 1 个元素的集合 bookData2: ",bookData2)
bookData2.clear()
print(" 输出清空的集合 bookData2: ",bookData2)
```

实例 4-7 代码的运行结果如图 4-7 所示。

```
输出添加了3个元素的集合bookData1: {'2', '人民邮电出版社', '12528944', '79.00', 'PPT设计从入门到精通'}
输出删除了指定元素的集合bookData2: {'零基础学Python（全彩版）', '79.80', '3', '吉林大学出版社'}
输出删除了1个元素的集合bookData2: {'79.80', '3', '吉林大学出版社'}
输出清空的集合bookData2: set()
```

图4-7　实例4-7代码的运行结果

4.4.4　集合的内置函数与基本方法

1. 计算集合元素个数

使用 len() 方法可以计算集合的元素个数，其基本语法格式如下。

```
len(sets)
```

示例如下。

```
>>>fruits = {" 苹果 ", " 橘子 ", " 梨 ", " 香蕉 "," 樱桃 "}
>>>len(fruits)
```

运行结果如下。

```
5
```

2. 判断指定元素在集合中是否存在

使用成员运算符 in 或 not in 可以判断指定元素在集合中是否存在。

（1）使用运算符 in 的基本语法格式如下。

```
x in sets
```

判断元素 x 是否在集合 sets 中，x 若在集合 sets 中则返回 True，否则返回 False。

（2）使用运算符 not in 的基本语法格式如下。

```
x not in sets
```

判断元素 x 是否在集合 sets 中，x 若不在集合 sets 中则返回 True，否则返回 False。

示例如下。

```
>>>fruits = {" 苹果 ", " 橘子 ", " 梨 ", " 香蕉 "," 樱桃 "}
>>>" 樱桃 " in fruits
```

运行结果如下。

```
True
>>>" 草莓 " not in fruits
```

运行结果如下。

```
True
```

4.4.5　集合的集合运算

两个集合可以进行集合运算，集合运算中常见的是并运算（使用"|"运算符）、交运算（使用"&"运算符）、差运算（使用"-"运算符）。

【实例4-8】演示两个集合间的多种运算

实例4-8的代码如下所示。

```python
basket= {"苹果","橘子","梨","香蕉","樱桃","桂圆"}
box={"柚子","橘子","荔枝","桂圆"}
bag={"橘子","桂圆"}
print(basket | box)      # 并运算，返回集合basket和box中包含的所有元素
print(basket & box)      # 交运算，返回集合basket和box中同时都包含的公共元素
print(basket-box)        # 差运算，返回集合basket中包含而集合box中不包含的元素
print(basket ^ box)      # 返回集合basket和box中的非相同元素
print(bag<box)           # 返回True或者False，判断集合bag和box的包含关系
print(basket>bag)        # 返回True或者False，判断集合basket和bag的包含关系
```

实例4-8代码的运行结果如下。

```
{'桂圆', '梨', '橘子', '苹果', '香蕉', '柚子', '荔枝', '樱桃'}
{'桂圆', '橘子'}
{'苹果', '樱桃', '香蕉', '梨'}
{'梨', '苹果', '香蕉', '柚子', '荔枝', '樱桃'}
True
True
```

【任务4-4】遍历集合

【任务描述】

（1）在项目"Unit04"中创建Python程序文件"t4-4.py"。

（2）使用集合名称输出集合中所有元素的值。

（3）使用for循环语句遍历集合，输出集合中所有元素的值。

【任务实施】

在PyCharm项目"Unit04"中创建Python程序文件"t4-4.py"。在程序文件"t4-4.py"中编写代码，实现所需功能，程序文件"t4-4.py"的代码如下所示。

```python
fieldName={"商品ID","图书名称","价格","商品编码","出版社"}
bookData=set(["1","HTML5+CSS3移动Web开发实战","58.00","50676377587","人民邮电出版社"])
print("遍历输出集合fieldName和bookData所有元素：")
print(fieldName, end="      ")
print("")
print(bookData, end="     ")
print("")
print("遍历输出集合bookData所有元素：",end="")
for item in bookData:
    print(item,end="    ")
```

程序文件"t4-4.py"的运行结果如下。

```
遍历输出集合fieldName和bookData所有元素：
{'图书名称', '价格', '出版社', '商品编码', '商品ID'}
{'58.00', '50676377587', '1', '人民邮电出版社', 'HTML5+CSS3移动Web开发实战'}
```

4.5　字符串的常用方法及应用

Python 中的字符串使用单引号""、双引号""""、三引号""""或"""""引起来，这 3 种引号在语义上没有差别，只是在形式上有些差别。其中单引号和双引号中的字符串必须在一行中，而三引号内的字符串可以分布在连续的多行中。

Python 不支持单字符类型，单字符在 Python 中也是作为一个字符串使用，一个字符就是长度为 1 的字符串。

4.5.1　创建字符串

创建字符串只要为变量分配一个值即可。示例如下。

```
str1 = 'Hello Python!'
str2 = 'LiMing'
str3="The quick brown fox jumps over a lazy dog"
```

如果字符串本身包含有单引号但不含双引号，则字符串会用双引号引起来，否则通常使用单引号引起来。这样标识的字符串，print() 函数会更易读。

【注意】字符串开始和结尾使用的引号形式必须一致，另外当需要表示复杂字符串时，还可以嵌套使用引号。示例如下。

```
>>>str1 = "I'm David"
>>>str2 = 'I told my friend:"I love Python"'
```

同时还可以使用反斜杠"\"转义引号和其他特殊字符来准确地表示所需字符。

4.5.2　访问字符串中的值

在 Python 中，可以使用中括号及索引值来访问子字符串。访问字符串中字符的方法与列表类似，请参考列表部分的相关内容，这里只举例说明。

字符串是字符的序列，可以把字符串看作一种特殊的元组，按照单个字符或字符片段进行索引。Python 中的字符串有两种索引方式：第 1 种是从左往右计数，索引值从 0 开始依次增加，字符串的第 1 个字符的索引为 0，图 4-8 中第 2 行的数字 0、1、2、3、4、5 表示各个字符的索引值；第 2 种是从右往左计数，使用负数，从 −1 开始依次减少，图 4-8 中第 4 行数字表示相应的负数索引值。

图4-8　字符串的索引

【实例 4-9】演示以多种形式访问字符串中的值

实例 4-9 的代码如下所示。

```
str='Python'
print(str)                #输出字符串
print(str[0])             #输出第 1 个字符
print(str[-1])            #输出倒数第 1 个字符
print(str[3])             #输出第 4 个字符
print(str[-3])            #输出倒数第 3 个字符
print('Hello\nPython')    #使用 "\n" 转义特殊字符，换行输出
print(r'Hello\nPython')   #在字符串前面添加一个 r，表示输出原始字符串，不会发生转义
```

实例 4-9 代码的运行结果如下。

```
python
P
n
h
h
Hello
Python
Hello\nPython
```

4.5.3 截取字符串

可以对字符串进行截取操作，获取一个子字符串。

截取字符串的基本语法格式如下。

```
变量 [ 头索引值 : 尾索引值 : 步长 ]
```

前 2 个参数表示索引值，用冒号分隔两个索引值，截取的范围是前闭后开的，并且两个索引值都可以省略。默认的第 1 个索引值为 0，第 2 个索引值为字符串可以被截取的长度。对于非负数截取参数，如果索引值都在有效范围内，截取部分的长度就是索引值的差。例如，str[1:3] 的长度是 2。

str[i:j] 表示截取从第 i+1（索引值为 i）个字符开始，到第 j（索引值为 j-1）个字符的全部字符，截取的子字符串不包括索引值为 *j* 的字符。

字符串的索引值与截取长度如图 4-9 所示。

从左往右索引	0	1	2	3	4	5
从右往左索引	-6	-5	-4	-3	-2	-1
	+	+	+	+	+	+	+
	| a | b | c | d | e | f |
	+	+	+	+	+	+	+
从左往右截取	:	1	2	3	4	5	:
从右往左截取	:	-5	-4	-3	-2	-1	:

图4-9 字符串的索引值与截取长度

【注意】截取字符串时，如果指定的索引不存在，则会出现异常。

第 3 个参数为截取的步长，如果省略，则默认为 1，此时，最后一个冒号也可以省略。

例如，在索引 1 到索引 9 之间，以步长为 3（间隔两个位置）来截取字符串，代码如下。

```
>>>str='Better life'
>>>print(str[1:9:3])
```

运行结果如下。

```
eel
```

如果第 3 个参数为负数，则表示逆向读取。

3 个参数都可以省略，例如 print(str[::])，表示输出字符串的所有字符。

【实例 4-10】演示以多种形式访问字符串中的值

实例 4-10 的代码如下所示。

```
str ='abcdef'
print(str[:])            #输出字符串的所有字符
print(str[::])           #输出字符串的所有字符
print(str[0:3])          #输出第 1、2、3 个字符
print(str[0:-3])         #输出第 1 个字符到倒数第 4 个字符
print(str[2:4])          #输出第 3、4 个字符
print(str[-4:-2])        #输出倒数第 4 个、倒数第 3 个字符
print(str[2:])           #输出第 3 个字符及后面的所有字符
print(str[:4])           #输出第 1 至第 4 个字符
```

实例 4-10 代码的运行结果如下。

```
abcdef
abcdef
abc
abc
cd
cd
cdef
abcd
```

4.5.4　连接与重复字符串

1. 连接字符串

加号（+）用于连接字符串，使用 "+" 运算符可以连接多个字符串并产生一个新的字符串。示例如下。

```
>>>first_name = "Li"
>>>last_name = "Ming"
>>>full_name = first_name + " " + last_name      #连接字符串
>>>print(full_name)
>>>print(full_name + ', 你好')                    #连接字符串
```

运行结果如下。

```
Li Ming
Li Ming, 你好
```

也可以截取字符串的一部分并与其他字符串连接，示例如下。

```
>>>str = 'Hello World!'
>>>print ("新字符串:", str[:6] + 'Python!')
```

运行结果如下。

```
新字符串: Hello Python!
```

【注意】字符串不允许直接与其他类型的数据连接，例如将字符串与整数直接连接是不允许的，但可以先使用 str() 函数将整数转换为字符串，然后进行连接。

2. 重复字符串

使用 "*" 运算符可实现字符串重复多次，星号 "*" 表示重复当前字符串，与之结合的数字为字符串出现的次数。

示例如下。

```
>>>str='go!'
>>>print(str * 3)      # 输出字符串 3 次
```

运行结果如下。

```
go!go!go!
```

【实例 4-11】演示字符串的访问、连接等多种操作

实例 4-11 的代码如下所示。

```
fieldName="图书名称"
fieldPrice="图书价格"
bookName="HTML5+CSS3 移动 Web 开发实战"
bookPrice=58.00
print("字符串的基本操作")
# 分别输出第 1 个、第 2 个、倒数第 2 个、倒数第 1 个字符
print("输出截取不同长度的字符串 1：",bookName[0]+"  "+bookName[1]+"  "\
                                      +bookName[-2]+"  "+bookName[-1])
# 分别输出第 1 个到第 10 个字符、第 13 个到第 15 个字符
print("输出截取不同长度的字符串 2：",bookName[:10]+"  "+bookName[12:15])
# 分别输出第 11 个到第 12 个字符、第 16 个字符及之后的所有字符
print("输出截取不同长度的字符串 3：",bookName[10:12]+"  "+bookName[15:])
# 使用 "+" 连接字符串
print("输出连接字符串 1：",fieldName+"为 "+bookName)
print("输出连接字符串 2：",fieldPrice+"为 "+str(bookPrice))
```

实例 4-11 代码的运行结果如下。

```
字符串的基本操作
输出截取不同长度的字符串 1：  H  T  实  战
输出截取不同长度的字符串 2：  HTML5+CSS3  Web
输出截取不同长度的字符串 3：  移动  开发实战
输出连接字符串 1：  图书名称为 HTML5+CSS3 移动 Web 开发实战
输出连接字符串 2：  图书价格为 58.0
```

4.5.5 修改与添加字符串中的字符

由于 Python 中的字符串不能改变，如果向一个字符串的某个索引位置赋值，会出现异常信息。

示例如下。

```
>>>str='go'
>>>str[0]= 't'
```

执行以上代码时会出现以下异常信息。

```
  File "<stdin>", line 1, in <module>
TypeError: 'str' object does not support item assignment
>>>str[2]= 's'
```

执行以上代码时也会出现以下异常信息。

```
    File "<stdin>", line 1, in <module>
TypeError: 'str' object does not support item assignment
```

所以不能修改字符串中的任意字符，也不能在字符串末尾添加字符，但可以通过截取字符串与连接字符串的方法对字符串中的字符进行修改与添加操作。示例如下。

```
>>>str="go"
>>>print("Let's "+str)
>>>print("t"+str[1:])
>>>print(str+"es")
```

运行结果如下。

```
Let's go
to
goes
```

4.5.6 字符串运算符

Python 字符串运算符及示例如表4-12所示。表4-12的示例中变量 a 的值为字符串 "Hello"，变量 b 的值为 "Python"。

表4-12 Python字符串运算符及示例

序号	操作符	说明	示例	结果
1	+	连接字符串	a + b	HelloPython
2	*	重复输出字符串	a*2	HelloHello
3	[]	通过索引获取字符串中的字符	a[1]	e
4	[:]	截取字符串中的一部分，遵循左闭右开原则	a[1:4]	ell
5	in	成员运算符，如果字符串中包含给定的字符，返回 True，否则返回 False	'H' in a	True
6	not in	成员运算符，如果字符串中不包含给定的字符，返回 True，否则返回 False	'M' not in a	True
7	r/R	原始字符串：所有的字符串都直接按照原始字符串输出，没有转义或不能输出的字符。原始字符串除了在第一个引号前加上字母 r 或 R 以外，与普通字符串有着几乎完全相同的语法	print(r'\n') print(R'\n')	\n \n

4.5.7 Python 字符串常用的内置函数与基本方法

1. 计算字符串长度

Python 中使用 len() 方法计算字符串的长度，其基本语法格式如下。

```
len(string)
```

默认情况下，计算字符串的长度时，不区分英文字母、数字和汉字，每个字符的长度都计为1。

示例如下。

```
>>>str = "python"
>>>print(len(str))
```

运行结果如下。

```
6
```

如果要获取字符串实际所占的字节数，可先使用 encode() 方法进行编码。获取采用

UTF-8 编码的字符串长度的基本语法格式为：len(str.encode())。获取采用 GBK 编码的字符串长度的基本语法格式为：len(str.encode("GBK"))。

2. 计算字符串中最大与最小的字符

（1）max(str)。

max(str) 方法用于返回字符串 str 中 ASCII 码值最大的字符。

（2）min(str)。

min(str) 方法用于返回字符串 str 中 ASCII 码值最小的字符。

3. 检索字符串

Python 提供了多个字符串查找方法，这里介绍几个常用的方法。

（1）count() 方法。

count() 方法返回指定的字符串在另一个字符串中出现的次数，其基本语法格式如下。

```
count(str [,start=0 [,end=len(string)]])
```

如果指定 start 或 end，则返回指定范围内 str 出现的次数。如果检索的字符串不存在，则返回 0，否则返回它出现的次数。

示例如下。

```
>>>str = "hello python"
>>>print(str.count('o'))
```

运行结果如下。

```
2
```

（2）find() 方法与 rfind() 方法。

find() 方法用于检索某字符串中是否包含指定的字符串，其基本语法格式如下。

```
find(str[,start=0[,end=len(string)]])
```

该方法用于检测指定字符串是否包含 str，如果包含则返回首次出现该字符串时的索引值，否则返回 -1。如果指定了 start 和 end，则在指定范围内检索。可以根据 find() 方法的返回值是否大于 -1 来判断指定的字符串是否存在。

示例如下。

```
>>>str = "hello python"
>>>print(str.find('o'))
```

运行结果如下。

```
4
>>>print(str.find('x'))
```

运行结果如下。

```
-1
```

rfind(str[,start=0[,end=len(string)]]) 方法的功能类似于 find() 方法，只是从字符串的右边开始查找。

（3）index() 方法与 rindex() 方法。

index() 方法的功能与 find() 方法一样，也是用于检索某字符串中是否包含指定的字符串，只不过如果检索的字符串不在指定的字符串中会抛出异常。其基本语法格式如下。

```
index(str[,start=0[,end=len(string)]])
```

rindex(str[,start=0[,end=len(string)]]) 方法的功能类似于 index()，只是从字符串的右边开始查找。

（4）startswith() 方法。

startswith() 方法用于判断字符串是否以指定字符串开头，如果是，则返回 True，否则返回 False。其基本语法格式如下。

```
startswith(substr[,start=0[,end=len(string)]])
```

如果指定了 start 和 end，则在指定范围内进行判断。

（5）endswith() 方法。

endswith() 方法用于判断字符串是否以指定字符串结束，如果是，则返回 True，否则返回 False。其基本语法格式如下。

```
endswith(suffix[,start=0[,end=len(string)]])
```

如果指定了 start 和 end，则在指定范围内进行判断。

4. 分割字符串

split() 方法可以实现字符串分割，也就是将一个字符串按照指定的分隔符分割为字符串列表，该列表的元素中不包括分隔符。其基本语法格式如下。

```
split([sep[,max=string.count(str)]])
```

其中，sep 用于指定分隔符，可以包含多个字符，默认为 None，即空字符（包括空格、换行符 "\n"、制表符 "\t" 等）；max 为可选参数，用于指定分割的次数，如果不指定或者指定为 -1，则分割次数没有限制，否则返回结果中元素个数最多为 max。如果不指定 sep 参数，那么也不能指定 max 参数。

示例如下。

```
>>>str = "hello python"
>>>print(str.split(' '))
```

运行结果如下。

```
['hello', 'python']
>>>print(str.split(' ',0))
```

运行结果如下。

```
['hello python']
```

5. 去除字符串的空格和特殊字符

用户在输入数据时，可能会无意中输入多余的空格，或在一些情况下，字符串前后不允许出现空格和特殊字符，此时，就需要去除字符串中的空格和特殊字符。这里的特殊字符一般是指回车符 "\r"、换行符 "\n"、制表符 "\t"。

（1）strip() 方法。

strip() 方法用于去掉字符串左、右两侧的空格和特殊字符，其基本语法格式如下。

```
strip([chars])
```

其中，chars 为可选参数，用于指定要去除的字符，可以指定多个字符。如果不指定 chars 参数，将默认去除空格、回车符 "\r"、换行符 "\n"、制表符 "\t" 等。

示例如下。

```
>>>str = "  p y t h o n  "
>>>print(str.strip())          #删除字符串两端的空格
p y t h o n
```

（2）lstrip() 方法。

lstrip() 方法用于去掉字符串左侧的空格和特殊字符，其基本语法格式如下。

```
lstrip([chars])
```

可选参数 chars 的说明见 strip() 方法。

示例如下。

```
>>>str = "  p y t h o n  "
>>>print(str.lstrip())         #删除字符串左端的空格
p y t h o n
```

（3）rstrip() 方法。

rstrip() 方法用于去掉字符串右侧的空格和特殊字符，其基本语法格式如下。

```
rstrip([chars])
```

可选参数 chars 的说明见 strip() 方法。

示例如下。

```
>>>str = "  p y t h o n  "
>>>print(str.rstrip())         #删除字符串右端的空格
 p y t h o n
```

6. 字母的大小写转换

（1）lower() 方法。

lower() 方法用于将字符串中所有大写字符转换为小写。

示例如下。

```
>>>str = "Hello Python"
>>>print(str.lower())          #将字符串中的大写字符全部改为小写
hello python
```

（2）upper() 方法。

upper() 方法用于将字符串中的所有小写字母转换为大写。

示例如下。

```
>>>str = "I love python"
>>>print(str.upper())   #将字符串中的小写字符全部改为大写
I LOVE PYTHON
```

（3）title() 方法。

title() 方法用于返回"标题化"的字符串，所有单词都以大写字母开头，其余字母均为小写。

示例如下。

```
>>>str = "hello python"
>>>print(str.title())
Hello Python
```

7. 替换字符串

replace() 用于替换字符串中的部分字符或子字符串，其基本语法格式如下。

```
replace(str1,str2[,max])
```
该方法将字符串中的 str1 替换成 str2，如果指定了 max 参数，则替换不超过 max 次。
示例如下。

```
>>>str = " p y t h o n "
>>>print(str.replace(' ',''))      # 删除字符串中的全部空格
python
```

【任务 4-5】应用字符串的方法实现字符串翻转操作

【任务描述】

（1）在项目"Unit04"中创建 Python 程序文件"t4-5.py"。

（2）分别应用字符串的方法 split()、join() 和字符串的访问操作实现字符串翻转操作，例如原字符串为"I love Python"，翻转后的字符串变为"Python love I"。

【任务实施】

在 PyCharm 项目"Unit04"中创建 Python 程序文件"t4-5.py"。在程序文件"t4-5.py"中编写代码，实现所需功能，程序文件"t4-5.py"的代码如下所示。

```
str = 'I love Python'
strWord=str.split(" ")              # 通过空格分割字符串，把各个单词分割为列表
print(strWord)
strreversal = strWord[-1::-1]       # 翻转字符串
print(strreversal)
word = ' '.join(strreversal)        # 重新组合字符串
print(word)
```

【程序运行】

程序文件"t4-5.py"的运行结果如下。

```
['I', 'love', 'Python']
['Python', 'love', 'I']
Python love I
```

程序文件"t4-5.py"的代码中 strWord[-1::-1] 有 3 个参数：第 1 个参数为 -1，表示最后一个元素；第 2 个参数为空，表示移动到单词列表开头；第 3 个参数为步长，-1 表示逆向。

4.6　字符串的格式化输出

Python 支持字符串的格式化输出，Python 2.6 新增了一个格式化字符串的方法 format()，它增强了字符串格式化的功能。

4.6.1　format() 的基本语法格式

可以使用 str.format() 方法来格式化输出字符串，字符串格式化是为了实现字符串和变量同时输出时按一定的格式显示。

format() 方法的基本语法格式如下。

```
"<模板字符串>".format(<以半角逗号分隔的参数>)
```

模板字符串由一系列占位符（用 {} 表示）组成，大括号 {} 及其里面的字符（称作格式化字符）将会被 format() 中的参数替换。调用 format() 方法会返回一个新的字符串。

format() 方法中的模板字符串包含参数序号、半角冒号（:）、格式控制标记，样式如下。

```
{[<参数序号>][:[<格式控制标记>]]}
```

示例如下。

```
>>>pi=3.14159
>>>print("常量 π 的值近似为：{}。".format(pi))
```

运行结果如下。

```
常量 π 的值近似为：3.14159。
```

4.6.2　format() 的参数序号

format() 中的参数会按 {} 中的序号替换到模板字符串的对应位置。{} 的默认顺序为 0、1、2……，参数从 0 开始编号，参数的顺序固定为 0、1、2……。

如果 {} 没有序号，就按它们出现的先后顺序自动替换。

示例如下。

```
>>>print("姓名：{}，年龄：{}".format("李明", 21))
```

运行结果如下。

```
姓名：李明，年龄：21
```

大括号中的数字用于指向传入对象在 format() 中的位置，示例如下。

```
>>>print("姓名：{0}，年龄：{1}".format("李明", 21))
```

运行结果如下。

```
姓名：李明，年龄：21
>>>print("姓名：{1}，年龄：{0}".format(21,"李明"))
```

运行结果如下。

```
姓名：李明，年龄：21
```

如果在 format() 中使用了关键字参数，那么它们的值会指向使用相应名字的参数，示例如下。

```
>>>print("姓名：{name}，年龄：{age}".format(age=21,name="李明"))
```

运行结果如下。

```
姓名：李明，年龄：21
```

位置及关键字参数可以结合使用，示例如下。

```
>>>print("姓名：{0}，年龄：{1}，性别：{gender}".format("李明",21, gender="男"))
```

运行结果如下。

```
姓名：李明，年龄：21，性别：男
```

使用 format() 方法可以连接不同类型的变量或数据，如果大括号本身是字符串的一部分，需要输出大括号，可使用 "{{{"，其中 "{{" 表示 "{"，示例如下。

```
>>>pi=3.14159
>>>print("圆周率 {{{0}{1}}} 是 {2}。".format(pi , "...", "无理数"))
```

运行结果如下。

```
圆周率 {3.14159...} 是无理数。
```

【任务4-6】使用 format() 方法格式化输出字符串列表

【任务描述】

（1）在项目"Unit04"中创建 Python 程序文件"t4-6.py"。

（2）使用 format() 方法格式化输出字符串列表。

【任务实施】

在 PyCharm 项目"Unit04"中创建 Python 程序文件"t4-6.py"。在程序文件"t4-6.py"中编写代码，实现所需功能，程序文件"t4-6.py"的代码如下所示。

```python
fieldName=["商品ID","图书名称","价格","商品编码","出版社"]
bookData=[1,"HTML5+CSS3移动Web开发实战",58.00,"50676377587","人民邮电出版社"]

for item in fieldName:
    if item.find("ID")!=-1:
        print("{:^10s}".format(item),end="")
    elif item.find("图书名称")==-1:
        print("{:^14s}".format(item), end="")
    else:
        print("{:^24s}".format(item), end="")
print("")
for item in bookData:
    if isinstance(item,str):
        print("{:<20s}".format(item), end="")
    else:
        if isinstance(item,int):
            print("{:^10d}".format(item), end="")
        else:
            if isinstance(item, float):
                print("{:^20.2f}".format(item), end="")
```

程序文件"t4-6.py"的运行结果如图 4-10 所示。

商品ID	图书名称	价格	商品编码	出版社
1	HTML5+CSS3移动Web开发实战	58.00	50676377587	人民邮电出版社

图4-10　程序文件"t4-6.py"的运行结果

知识扩展

1. Python 的正则表达式

正则表达式又称正规表达式、规则表达式（Regular Expression），是一个特殊的字符序列。它用于检查一个字符串是否与某种模式匹配，在代码中常简写为 regex、regexp 或 RE。正则表达式使用单个字符串来描述、匹配一系列匹配指定规则的字符串。正则表达式通常用来检索、替换匹配指定模式的文本。

当正则表达式包含转义字符时使用"raw string"（原始字符串），表示为 r'text'。raw string 是不包含转义字符的字符串。

示例如下。

```
r'[1-9]\d{5}'
r'\d{3}-\d{8}|\d{4}-\d{8}'
```

在 Python 中使用正则表达式时，是将其作为模式字符串使用的。例如，匹配字母的一个字符的正则表达式表示为模式字符串，可以使用以下代码。

```
'[a-zA-Z]'
```

因为正则表达式通常都包含反斜杠，所以最好使用原始字符串来表示它们，匹配相应的特殊字符。例如：模式元素 r'\t' 等价于 \\t。

正则表达式可以包含一些可选标志修饰符来控制匹配的模式。修饰符被指定为一个可选的标志，多个标志可以通过按位或运算符"|"来指定。例如：re.I | re.M 被设置成 I 和 M 标志。

2．re 模块及其主要功能函数

Python 自 1.5 版本起增加了 re 模块，它提供 Perl 风格的正则表达式模式。re 模块使 Python 具有全部的正则表达式功能，提供了多个函数，这些函数使用一个模式字符串作为它们的第 1 个参数。

re 模块主要用于字符串匹配，在使用 re 模块时，需要先应用 import 语句导入该模块，代码如下。

```
import re
```

re 模块中的主要功能函数如下。

（1）re.match() 函数。

re.match() 函数用于从字符串的起始位置匹配一个模式，如果在起始位置匹配成功，会返回一个匹配的对象，否则返回 None。如果不是在起始位置匹配成功的话，也返回 None。因为 re.match() 函数从字符串的起始位置开始匹配，当第 1 个字符不符合模式字符串时，则不再进行匹配，直接返回 None。

re.match() 函数的基本语法格式如下。

```
re.match(pattern, string, [flags=0])
```

返回的 match 对象中包含匹配值的位置和匹配数据，可以使用 group(num) 或 groups() 方法来获取这些匹配数据。

（2）re.search() 函数。

re.search() 函数用于在一个字符串中搜索匹配正则表达式的第一个位置，如果匹配成功，则 re.search() 函数返回匹配的对象，否则返回 None。

re.search() 函数的基本语法格式如下。

```
re.search(pattern, string, [flags=0])
```

（3）re.findall() 函数。

re.findall() 函数用于在字符串中找到正则表达式匹配的所有子字符串，如果匹配成功，则以列表的形式返回，如果没有找到匹配的，则返回空列表。

【注意】match() 和 search() 只匹配一次子字符串，而 findall() 匹配所有子字符串。

re.findall() 函数的基本语法格式如下。

```
re.findall(pattern,string[, pos[, endpos]])
```

（4）re.finditer() 函数。

re.finditer() 函数和 re.findall() 函数类似，在字符串中找到正则表达式匹配的所有子字符串，并把它们作为一个迭代器返回。

re.finditer() 函数的基本语法格式如下。

```
re.finditer(pattern, string, flags=0)
```

（5）re.split() 函数。

re.split() 函数按照能够匹配的子字符串将字符串分割后返回列表，其基本语法格式如下。

```
re.split(pattern, string[, maxsplit=0, flags=0])
```

（6）re.sub() 函数。

Python 的 re 模块提供了 re.sub() 函数用于替换字符串中的匹配项。

re.sub() 函数的基本语法格式如下。

```
re.sub(pattern, repl, string[, count=0, flags=0])
```

re.sub() 函数用于在一个字符串中替换所有匹配正则表达式的子字符串，并返回替换后的字符串。如果没有发现匹配项，将返回原字符串。

3. re.compile() 函数与正则表达式对象

re.compile() 函数用于将正则表达式的字符串形式编译成正则表达式对象，然后使用正则表达式对象的相关函数来操作字符串。

re.compile() 函数的基本语法格式如下。

```
re.compile(pattern[, flags=0])
```

其中，参数 pattern 表示一个字符串形式的正则表达式；可选参数 flags 表示匹配模式，例如忽略大小写、多行模式等。

re.compile() 函数根据一个模式字符串和可选的标志参数生成一个正则表达式对象，该对象拥有一系列用于正则表达式匹配和替换的函数。

使用 Python 正则表达式对象的一般步骤如下。

（1）导入 re 模块。

```
import re
```

（2）创建一个 regex 对象。

```
regex = re.compile(r'正则表达式')   #使用 r'原始字符串', 不需要转义
```

re.compile() 返回 regex 对象。

（3）调用相应的函数。

调用相应的函数 regex.match()、regex.search()、regex.findall()、regex.sub()，返回所需对象。

单元测试

1. 选择题

（1）Python 3 解释器执行 list=[1,4,3] 和 list.extend(list) 语句后，list 的值是（　　　）。

  A.　[1,4,3]   B.　[1,4,3,[]]

  C.　[1, 4, 3, 1, 4, 3]   D.　None

（2）Python 3 解释器对列表 [1,2,[3,4],5,6] 使用 reverse() 方法执行后的结果为（　　　）。

  A.　[6, 5, [3, 4], 2, 1]   B.　[6, 5, [4, 3], 2, 1]

  C.　[6, 5, 2, 1, [3, 4]]   D.　报错

（3）现有列表 list=[1,2,3,4,5,6,7,8,9,0]，那么 Python 3 解释器执行 list[1:3]='abc' 和 list[2] 语句后的结果是（　　　）。

  A.　4   B.　c

  C.　abc   D.　b

（4）已知 x = [3, 5, 7]，那么执行语句 x[1:] = [2] 之后，x 的值为（　　　）。

  A.　[3, 5, 7] B.　[3, 2] C.　[3, 5, 2] D.　[3]

（5）以下属于可变对象的是（　　　）。

  A.　数值类型 (int,float)   B.　list

  C.　tuple   D.　str

（6）以下关于元组的描述中，错误的是（　　　）。

  A.　元组的元素可以是整数、字符串、列表等 Python 支持的任何类型

  B.　与列表一样，元组也有 append()、insert() 方法

  C.　元组是不可变序列

  D.　元组比列表的访问和处理速度快

（7）在 Python 中，可以创建空元组，以下语句中用来创建空元组的是（　　　）。

  A.　t = tuple()   B.　t = (0)

  C.　t = ()   D.　t=set()

（8）在 Python 中，元组可以使用的方法是（　　　）。

  A.　append()   B.　insert()

  C.　pop()   D.　len()

（9）在 Python 中，以下数据序列中是有序序列的是（　　　）。

  A.　字典   B.　集合

  C.　元组   D.　数组

（10）在 Python 中，以下所列运算符中不能用于元组运算的是（　　　）。

  A.　-   B.　+

  C.　*   D.　in

（11）在 Python 中，对于定义的元组 tuple = (1, 2, 3, 4, 5, 6, 7)，不能实现输出元组的全部元素的语句是（　　　）。

  A.　tuple   B.　tuple[:]

  C.　tuple[0:len(tuple)]   D.　tuple(0:7)

（12）在 Python 中，对于定义的元组 tuple = (1, 2, 3)，以下各项操作中能成功执行是（　　　）。

  A.　tuple[2]=4   B.　tuple[0]=()

  C.　tuple[0]=None　　　　　　　　D.　tuple = (4, 5, 6)

（13）以下不能用于创建一个字典的语句是（　　　）。

  A.　dict1 = {}　　　　　　　　　　B.　dict2 = { 3 : 5 }

  C.　dict3 = dict([2 , 5] ,[3 , 4])　　D.　dict4 = dict(([1,2],[3,4]))

（14）在 Python 中，对于已定义的集合 fruits = {" 苹果 "," 橘子 "," 梨 "," 香蕉 "}，不能成功执行的语句是（　　　）。

  A.　fruits.remove(" 梨 ")　　　　　　B.　fruits.discard (" 梨 ")

  C.　fruits.pop()　　　　　　　　　　D.　fruits.del(" 梨 ")

（15）在 Python 中，集合中添加的元素不能是（　　　）。

  A.　列表　　　　B.　字符串　　　　C.　元组　　　　　D.　数字

（16）在 Python 中，对于已定义的集合 fruits = {" 苹果 "," 橘子 "}，以下语句无法成功执行的是（　　　）。

  A.　fruits.add(" 香蕉 ")　　　　　　　B.　fruits.insert(" 香蕉 ")

  C.　fruits.update({" 香蕉 "})　　　　　D.　fruits.clear()

（17）以下关于 Python 集合的描述中，错误的是（　　　）。

  A.　无法删除集合中指定位置的元素，只能删除特定值的元素

  B.　Python 集合中的元素不允许重复

  C.　Python 集合是无序的

  D.　Python 集合可以包含相同的元素

（18）Python 解释器执行 print(' 金额 : {0:f} 元 '.format(1.5000)) 语句的结果为（　　　）。

  A.　金额 : 1.5 元　　　　　　　　　B.　金额 : 1.500 元 '

  C.　金额 : 1.500000 元　　　　　　　D.　金额 : ￥1.50000 元

（19）"ab"+"c"*2 的结果是（　　　）。

  A.　abc2　　　　　　　　　　　　　B.　abcabc

  C.　abcc　　　　　　　　　　　　　D.　ababcc

（20）下列关于字符串的说法错误的是（　　　）。

  A.　字符应该视为长度为 1 的字符串

  B.　以 "\0" 标志字符串的结束

  C.　既可以用单引号，也可以用双引号创建字符串

  D.　三引号字符串中可以包含换行、回车等特殊字符

2. 填空题

（1）Python 3 解释器执行以下代码后，结果是_____。

```
>>>list2 = list1 = [1,2,[(3,4),5]]
>>>list1[2][0] = 'a'
>>>list2
```

（2）现有列表 list=[1,2,3,4,5,6,7,8,9,0]，那么 Python 3 解释器执行 list[1::2] 语句的结果是_____。

（3）已知 x = [3]，那么执行 x += [5] 之后 x 的值为_____。

（4）表达式 [3] in [1, 2, 3, 4] 的值为_____。

（5）使用_____语句既可以删除列表中的一个元素，也可以删除整个列表。

（6）已知 a= [1, 2, 3] 和 b= [1, 2, 4]，那么 id(a[1])==id(b[1]) 的执行结果为_____。

（7）list(range(6))[::2] 语句的执行结果为_____。

（8）已知 x = [3, 5, 7]，那么表达式 x[10:] 的值为_____。

（9）表达式 (1,) + (2,) 的值为_____。

（10）现有 d = {}，Python 3 解释器执行 d['a'] = 'b' 语句后 d 的值是_____。

（11）表达式 type({}) == dict 的值为_____。

（12）已知 x = {1:2}，那么执行语句 x[2] = 3 之后，x 的值为_____。

（13）已知 x = {'a': 'b', 'c': 'd'}，那么表达式 'a' in x 的值为_____。

（14）表达式 'ac' in 'abcc' 的值为_____。

（15）表达式 'a' + 'b' 的值为_____。

（16）已知 x = '123' 和 y ='456'，那么表达式 x + y 的值为_____。

3. 判断题

（1）已知 x 是个列表对象，那么执行语句 y = x 之后，对 y 所做的任何操作都会同样作用到 x 上。　　　　　　　　　　　　　　　　　　　　　　　　　　　　（　　）

（2）使用列表对象的 remove() 方法可以删除列表中首次出现的指定元素，如果列表中不存在要删除的指定元素，则抛出异常。　　　　　　　　　　　　　　　　（　　）

（3）假设 x 是含有 5 个元素的列表，那么截取操作语句 x[10:] 是无法执行的，会抛出异常。　　　　　　　　　　　　　　　　　　　　　　　　　　　　　　（　　）

（4）只能通过截取操作访问列表中的元素，不能使用截取操作修改列表中的元素。　　　　　　　　　　　　　　　　　　　　　　　　　　　　　　　　　　（　　）

（5）Python 列表中的所有元素必须为相同类型的数据。　　　　　　　　（　　）

（6）在 Python 3 中语句 print(*[1,2,3]) 不能正确执行。　　　　　　　（　　）

（7）表达式 list('[1, 2, 3]') 的值是 [1, 2, 3]。　　　　　　　　　　　（　　）

（8）同一个列表对象中的元素类型可以不相同。　　　　　　　　　　（　　）

（9）创建只包含一个元素的元组时，必须在元素后面加一个半角逗号，例如 (3,)。　　　　　　　　　　　　　　　　　　　　　　　　　　　　　　　　　　（　　）

（10）同一个元组对象中所有元素必须为相同类型。　　　　　　　　（　　）

（11）集合可以作为元组的元素。　　　　　　　　　　　　　　　　（　　）

（12）Python 元组支持双向索引。　　　　　　　　　　　　　　　　（　　）

（13）元组的访问速度比列表快一些，如果定义了一系列常量值，并且只需对其进行遍历而不需要进行任何修改，建议使用元组而不使用列表。　　　　　　　（　　）

（14）只能对列表进行截取操作，不能对元组和字符串进行截取操作。　（　　）

（15）只能通过截取操作访问元组中的元素，不能使用截取操作修改元组中的元素。

（　　）

（16）集合可以作为字典的键。　　　　　　　　　　　　　　　　　　　　　（　　）

（17）集合可以作为字典的值。　　　　　　　　　　　　　　　　　　　　　（　　）

（18）Python 的内置集合 set 中的元素顺序是按元素的哈希值进行存储的，并不是按先后顺序。　　　　　　　　　　　　　　　　　　　　　　　　　　　　　　　（　　）

（19）"+" 运算符可以用来连接字符串并生成新字符串。　　　　　　　　　　（　　）

（20）表达式 'a'+1 的值为 'b'。　　　　　　　　　　　　　　　　　　　　（　　）

（21）放在一对三引号之间的任何内容将被认为是注释。　　　　　　　　　　（　　）

（22）Python 列表、元组、字符串都属于有序序列。　　　　　　　　　　　　（　　）

单元5
函数应用与模块化程序设计

05

在一个Python程序中，如果实现所需功能的某段代码需要反复使用，那么需要将该段代码多次复制，但这种做法势必会影响到软件开发效率。在实际软件项目开发过程中，可以使用函数来实现代码重用，把实现所需功能的代码定义为一个函数，在需要使用时，调用该函数即可。对于函数，可以将其简单理解为用于完成某项工作的代码块，函数可以反复使用。本单元主要学习函数、模块与包。

知识入门

1. 随机数函数

随机数函数可以用于数学运算、游戏、安全等领域中，还经常被嵌入算法中，用以提高算法效率，并增强程序的安全性。Python中常用的随机数函数及说明如表5-1所示。

表5-1　　　　　　　　　　Python中常用的随机数函数及说明

序号	函数	说明
1	choice(seq)	用于从序列的元素中随机挑选一个元素，例如random.choice(range(10))，用于从0到9中随机挑选一个整数
2	randrange([start,]stop[,step])	用于从指定递增基数的集合中获取一个随机数，基数默认值为1
3	random()	用于在[0,1)范围内随机生成一个实数
4	seed([x])	用于改变随机数生成器的种子
5	shuffle(lst)	用于将序列的所有元素随机排序
6	uniform(x,y)	用于在[x,y]范围内随机生成一个实数

2. 使用pip命令下载与安装第三方模块

开发Python程序时，除了Python内置的标准模块外，还有很多第三方模块可以使用。使用第三方模块时，需要先下载并安装对应模块，然后就可以像Python的标准模块一样导入并使用了。下载和安装第三方模块可以使用Python提供的pip命令。pip命令的基本语法格式如下。

```
pip <command> [modulename]
```

其中，command 用于指定要执行的命令，常用命令有 install（用于安装第三方模块）、uninstall（用于卸载已经安装的第三方模块）、list（用于显示已经安装的第三方模块）等。modulename 为可选参数，用于指定要安装或者卸载的模块名称，有时还可以包括版本号，当 command 为 install 或者 uninstall 时此参数不能省略。

例如，安装第三方模块 numpy 时，可以在命令提示符窗口中输入以下代码。

```
pip install numpy
```

执行上面的代码，将开始在线安装 numpy 模块。

【说明】必须通过设置环境参数配置好可执行文件 "pip.exe" 的路径，否则在命令提示符窗口中无法识别 pip 命令。

3. 在 PyCharm 中自动导入相关模块

本单元的【任务 5-1】中需要使用 matplotlib、numpy 模块，为了保证程序能正常运行，必须先导入相关模块，这里介绍使用快捷键快速导入所需模块的方法。

在 PyCharm 中，如果导入模块的代码中，import 后面的模块名称 "matplotlib" "numpy" 下面出现红色的波浪线，就表示相应模块还未安装，如图 5-1 所示。

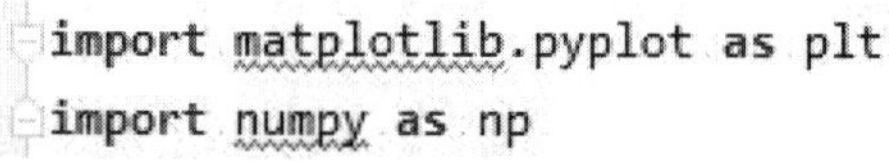

```
import matplotlib.pyplot as plt
import numpy as np
```

图5-1　模块名称 "matplotlib" "numpy" 下面出现红色的波浪线

将鼠标指针移到出现红色波浪线的模块名称 "matplotlib" 上，弹出提示信息框，如图 5-2 所示。

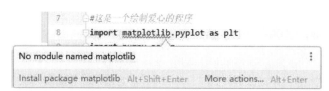

图5-2　鼠标指针指向模块名称 "matplotlib" 时弹出的提示信息框

按【Alt+Enter】组合键，出现一个快捷菜单，选择【Install package matplotlib】命令，然后按【Enter】键或者单击执行该命令，如图 5-3 所示。

图5-3　选择【Install package matplotlib】命令

模块 matplotlib 成功安装后，会出现图 5-4 所示的提示信息。

图5-4　模块 matplotlib 成功安装后出现的提示信息

以同样的方法安装模块 numpy，模块 numpy 成功安装后，会出现图5-5所示的提示信息。

模块 matplotlib 和 numpy 成功安装后，import 后面的模块名称"matplotlib""numpy"下面红色的波浪线消失了，表示相应模块已成功导入。

> ℹ Packages installed successfully
> Installed packages: 'numpy'

图5-5　模块numpy成功安装后出现的提示信息

5.1　Python 数学函数的应用

5.1.1　Python 数学常量

Python 数学常量主要包括 pi（圆周率，数学中一般以 π 来表示）和 e（自然常数）。

5.1.2　Python 常用数学运算函数

Python 常用数学运算函数及功能描述如表 5-2 所示。

表5-2　　　　　　　　　Python常用的数学运算函数及功能描述

序号	函数	功能描述
1	abs(x)	返回数值的绝对值，例如 abs(-10) 返回 10
2	ceil(x)	返回数值的上入整数，例如 math.ceil(4.1) 返回 5
3	cmp(x,y)	如果 x<y 返回 -1，如果 x==y 返回 0，如果 x>y 返回 1
4	exp(x)	返回 e 的 x 次幂，例如 math.exp(1) 返回 2.718281828459045
5	fabs(x)	返回数值的绝对值，例如 math.fabs(-10) 返回 10.0
6	floor(x)	返回数值的下舍整数，例如 math.floor(4.9) 返回 4
7	log(x)	返回 x 的自然对数，如 math.log(math.e) 返回 1.0，math.log(100,10) 返回 2.0
8	log10(x)	返回以 10 为基数的 x 的对数，例如 math.log10(100) 返回 2.0
9	max(x1,x2,…)	返回给定参数的最大值，参数可以为序列
10	min(x1,x2,…)	返回给定参数的最小值，参数可以为序列
11	modf(x)	返回 x 的整数部分与小数部分，两部分的数值符号与 x 相同，整数部分以浮点型表示
12	pow(x,y)	返回 x**y 运算后的值，即返回 x 的 y 次幂
13	round(x[,n])	返回浮点数 x 的四舍五入值，其中 n 代表小数点后的位数
14	sqrt(x)	返回数值 x 的平方根
15	acos(x)	返回 x 的反余弦弧度值
16	asin(x)	返回 x 的反正弦弧度值
17	atan(x)	返回 x 的反正切弧度值
18	atan2(y,x)	返回给定的 x 及 y 坐标值的反正切值
19	cos(x)	返回 x 弧度的余弦值
20	hypot(x,y)	返回欧几里德范数 sqrt(x*x+y*y)

续表

序号	函数	功能描述
21	sin(x)	返回 x 弧度的正弦值
22	tan(x)	返回 x 弧度的正切值
23	degrees(x)	将弧度转换为角度，例如 degrees(math.pi/2) 返回 90.0
24	radians(x)	将角度转换为弧度

【任务 5-1】编写程序绘制爱心

【任务描述】

（1）在 PyCharm 中创建项目"Unit05"。

（2）在项目"Unit05"中创建 Python 程序文件"t5-1.py"。

（3）编写程序，绘制爱心。

【任务实施】

1. 创建 PyCharm 项目"Unit05"

成功启动 PyCharm 后，在指定位置"D:\PycharmProject\"，创建 PyCharm 项目"Unit05"。

2. 创建 Python 程序文件"t5-1.py"

在 PyCharm 项目"Unit05"中，新建 Python 程序文件"t5-1.py"，PyCharm 窗口中显示程序文件"t5-1.py"的代码编辑区域，在该程序文件的代码编辑区域中自动添加了模板内容。

3. 编写 Python 代码

在文件"t5-1.py"的代码编辑区域中的已有模板注释内容下面输入代码，程序文件"t5-1.py"的代码如下所示。

```python
import matplotlib.pyplot as plt
import numpy as np
def drawingHeartShape():
    t = np.arange(0, 2 * np.pi, 0.1)
    x = 16 * np.sin(t) ** 3
    y = 13 * np.cos(t) - 5 * np.cos(2 * t) - 2 * np.cos(3 * t) - np.cos(4 * t)
    plt.plot(x, y, color='red')
    plt.show()

drawingHeartShape()
```

【说明】函数 arange([start,] stop[, step,], dtype=None) 根据 start 与 stop 指定的范围，以及 step 设定的步长，生成一个序列。

单击工具栏中的【保存】按钮，保存程序文件"t5-1.py"。

4. 运行 Python 程序

在 PyCharm 窗口中选择【运行】菜单，在弹出的下拉菜单中选择【运行】命令。在弹出的【运行】对话框中选择【t5-1】选项，程序文件"t5-1.py"开始运行。

程序文件"t5-1.py"的运行结果如图 5-6 所示。

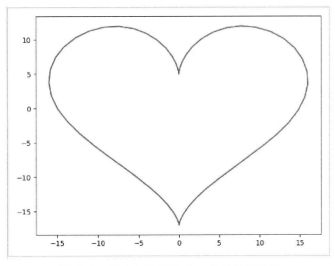

图5-6　程序文件"t5-1.py"的运行结果

5.2　Python 函数的定义与调用

函数能提高应用程序的模块化程度和代码的重复利用率，降低编程难度。函数是一种功能的抽象，一般函数用于实现特定功能。函数是组织好的、可重复使用的、用来实现所需功能、执行特定任务的代码块，它可以让代码执行得更快。函数是具有特定功能的、可重用的语句组。

5.2.1　定义函数

Python 提供了许多内置的标准函数，例如 print()、input()、range() 等。也可以自己创建函数，这被称为自定义函数。

定义一个函数实现自己想要的功能，需要指定函数的名称，指定函数里包含的参数和代码块。

Python 中使用 def 关键字自定义函数，定义函数的基本语法格式如下。

```
def 函数名称 ([0 个或多个参数组成的参数列表]):
    ''<注释内容>''
    <函数体>
    return [表达式]
```

函数定义说明如下。

（1）函数定义部分以 def 关键字开头，后接函数名称、小括号"()"和冒号"："，函数名称在调用函数时使用，小括号用于定义参数，任何传入参数和自变量必须放在小括号内，如果有多个参数，各参数之间使用半角逗号"，"分隔；如果不指定参数，则表示函数没有参数，调用函数时，也不指定参数值。函数可以有参数也可以没有，但必须保留一对小括号"()"，否则会出现异常。默认情况下，参数值和参数名称是按函数定义中的顺序匹配的。

（2）函数体是由多条语句组成的代码块，即函数被调用时，要执行的功能代码。函数体的代码相对于 def 关键字必须保持合理的缩进。

（3）如果函数有返回值，使用 return 语句返回。return [表达式] 用于退出函数，有选择性地向调用方返回一个值。也可以让函数返回空值，不带表达式的 return 语句返回 None。函数的返回值可以是 Python 支持的任意类型，并且无论 return 语句出现在函数的什么位置，只要该语句得以执行，就会直接结束函数的执行。

如果函数中没有 return 语句，或者省略了 return 语句的表达式，将返回 None，即返回空值。

（4）在函数体的前一行可以选择性地进行注释，注释的内容包括函数功能、传递参数的作用等，注释可以为用户提供友好的提示和帮助信息，但并非函数定义的必需内容，也可以没有注释。如果有注释，这些注释相对于 def 关键字也必须保持合理的缩进。

（5）创建一个函数时，如果暂时不需要编写代码实现其功能，就可以使用 pass 语句作为占位符填充函数体，表示"以后会编写代码"，示例如下。

```
def func():
    pass  # 占位符
```

【实例 5-1】演示计算矩形面积函数的定义

实例 5-1 的代码如下所示。

```
def area(width, height):
    ''' 计算矩形面积函数 '''
    area=width * height
    return area
```

运行以上代码，不会显示任何内容，也不会抛出异常，因为函数 area() 还没有调用。

5.2.2　调用函数

函数定义完成后，可以调用函数，实现其功能。可以将函数作为一个值赋给指定变量。调用函数的基本语法格式如下。

```
函数名称([0 个或多个参数组成的参数列表])
```

要调用的函数必须是已经定义的。如果已定义的函数有参数，则调用时也要指定各个参数值；如果需要传递多个参数值，则各参数之间使用半角逗号 "，" 分隔；如果函数没有参数，则直接写一对小括号 "()" 即可。

调用函数时，如果函数只返回一个值，该返回值可以赋给一个变量；如果返回多个值，则返回值可以赋给多个变量或一个元组。

实例 5-1 演示了自定义函数的方法，实现该函数功能的完整代码如下所示。

```
def area(width, height):
    ''' 计算矩形面积函数 '''
    area=width * height
    return area
width = 4
height = 5
area= area(width, height)
print("area =", area)
```

以上代码的运行结果如下。

```
area = 20
```

【实例 5-2】定义一个函数 factorial()，计算 n 的阶乘，即 $n!$

实例 5-2 的代码如下所示。

```python
def factorial(m):
    s=1
    for i in range(1,m+1):
        s*=i
    return s
n=5
print("{0}!={1}".format(n,factorial(n)))
```

实例 5-2 中前 5 行代码为函数定义代码，最后一行中的 factorial(n) 为函数调用代码，调用函数时要给出实际参数 n 的值，以替换定义中的参数 m，函数调用后得到返回值 s，并返回给调用方。

实例 5-2 代码的运行结果如下。

```
5!=120
```

【任务 5-2】定义函数计算总金额、优惠金额和实付金额等数据

【任务描述】

（1）在项目"Unit05"中创建 Python 程序文件"t5-2.py"。

（2）定义函数计算总金额、优惠金额和实付金额等。

【任务实施】

在 PyCharm 项目"Unit05"中创建 Python 程序文件"t5-2.py"。在程序文件"t5-2.py"中编写代码，实现所需功能，程序文件"t5-2.py"的代码如下所示。

```python
def getDiscountPrice(rank,price):
    if rank=="PLUS":
        discountPrice = price*0.88
    else:
        if rank=="FAN":
            discountPrice = price*0.90
        else:
            discountPrice = price*0.92
    return discountPrice

def getDiscount(number,price):
    originalTotal=number*price
    if originalTotal>=299:
        discount=15.00
    return discount

def getCashback(number,price):
    originalTotal = number * price
    reduction = int(originalTotal / 100)
    if reduction > 0:
        cashback = reduction * 50
    return cashback

def getCarriage(payable):
    #订单金额＜49，收取基础运费6元；订单金额≥49，收取基础运费0元
    if payable<49:
        carriage = 6.00
    else:
        carriage=0.00
    return carriage
```

```
def printData(*data):
    print("    总金额：¥" + "{:.2f}".format(data[0]))
    print("      运费：¥" + "{:.2f}".format(data[1]))
    print(" 返现金额：-¥" + "{:.2f}".format(data[2]))
    print(" 优惠金额：-¥" + "{:.2f}".format(data[3]))
    print(" 实付总额：¥" + "{:.2f}".format(data[4]))

originalPrice=99.80
number=4
originalTotal=number*originalPrice
rank="Ordinary users"
discountPrice=getDiscountPrice(rank,originalPrice)
discountAmount=number*discountPrice
discount=getDiscount(number,originalPrice)
cashback=getCashback(number,originalPrice)
discountTotal=discount+cashback
payable=discountAmount-discountTotal
carriage=getCarriage(payable)
payable+=carriage
printData(discountAmount,carriage,cashback,discount,payable)
print("")
```

程序文件"5-7.py"的运行结果如下。

```
    总金额：¥367.26
      运费：¥0.00
 返现金额：-¥150.00
 优惠金额：-¥15.00
 实付总额：¥202.26
```

5.3　Python 函数的参数

在调用有参数的函数时，调用函数和被调用函数之间有数据传递关系。函数参数的作用是传递数据给函数使用，函数利用接收的数据进行具体的处理。

函数参数在定义时放在函数名称后面的一对小括号中，如下所示。

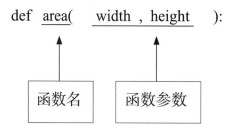

def area(width , height):

函数名　　函数参数

5.3.1　Python 函数的参数传递

1. 形式参数和实际参数

（1）形式参数。

定义函数时，函数名称后面小括号中的参数称为"形式参数"，简称形参。

（2）实际参数。

调用函数时，函数名称后面小括号中的参数称为"实际参数"，简称实参。

形式参数与实际参数如下所示。

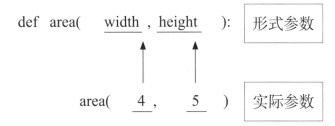

根据实参的类型，可以将实参的值或实参的引用传递给形参。当实参为不可变对象时，传递实参的值；当实参为可变对象时，传递实参的引用。值传递和引用传递的基本区别是：对于值传递，改变形参的值，实参的值不会改变；对于引用传递，改变形参的值，实参的值也一同改变。

2. 可变对象与不可变对象的参数传递

在 Python 中，列表、字典是可变对象，而数字、元组、字符串是不可变对象。

Python 中的一切都是对象，严格地说，不能说值传递还是引用传递，应该说传递不可变对象和传递可变对象。

（1）可变对象的参数传递。

对于代码 x=[1,2,3]，[1,2,3] 是列表类型。

先使变量 x=[1,2,3,4]，然后再使 x[2]=5，则是将列表的第 3 个元素值进行更改，x 还是那个列表，只是其内部的一部分值被修改了。

参数传递的如果是可变对象，就类似 C++ 的引用传递，包括列表、字典等对象。例如函数 fun(x)，则是将 x 真正地传过去，在函数 fun(x) 内部修改 x 的值，函数 fun(x) 外部的 x 也会受影响。

若可变对象作为函数参数，在函数里修改了参数的值，那么在调用这个函数时的原始参数也会被改变。

【实例 5-3】演示可变对象的参数传递

实例 5-3 的代码如下所示。

```python
# 可变对象参数传递实例
def mutable(mylist):
    #修改传入的列表
    mylist.append([40,50])
    print("函数内取值: ", mylist)
    return
# 调用 mutable() 函数
mylist = [10, 20, 30]
mutable(mylist)
print("函数外取值: ", mylist)
```

实例 5-8 中传入函数的对象和在末尾添加新内容的对象用的是同一个引用。

实例 5-8 代码的运行结果如下。

```
函数内取值: [10, 20, 30, [40, 50]]
函数外取值: [10, 20, 30, [40, 50]]
```

（2）不可变对象的参数传递。

在 Python 中，类型属于对象，变量是没有类型的。对于代码 y=5，数值 5 是 int 类型，而变量 y 没有类型，它仅仅是一个对象的引用，可以指向 list 类型对象，也可以指向 int 类型对象。

先使变量 y=5，然后再使 y=10，实际上是新生成一个 int 对象 10，再让 y 指向它，而 5 被丢弃，这不是改变 y 的值，而是新生成了 y。

参数传递的如果是不可变对象，就类似 C++ 的值传递，包括整数、元组和字符串等对象。例如 fun(x) 传递的只是 x 的值，没有影响 x 对象本身。在 fun(x) 内部修改 x 的值，只是修改另一个复制的对象，不会影响 x 本身。

【实例 5-4】演示不可变对象的参数传递

实例 5-4 的代码如下所示。

```
# 不可变对象的参数传递实例
def immutable(y):
    y= 5
    print("变量 y 值为：", y)   # 结果是 5
    return y
x = 2
print("函数返回值为：",immutable(x))
print("变量 x 值为：",x )       # 结果是 2
```

实例 5-4 中有 int 对象 2，指向它的变量是 x，在将其传递给 immutable() 函数时，按传递值的方式复制了变量 x，x 和 y 都指向了同一个 int 对象，在 y=5 时，则新生成一个 int 对象 5，并让 y 指向它。

实例 5-4 代码的运行结果如下。

```
变量 y 值为：5
函数返回值为：5
变量 x 值为：2
```

5.3.2　Python 函数的参数类型

调用函数时可使用的参数类型有位置参数、关键字参数、默认值参数和不定长参数。

1. 位置参数

位置参数也称为必需参数，调用函数时，函数的位置参数必须以正确的顺序传入函数，参数数量必须和函数定义时一样，即调用函数的位置和数量必须和定义时是一样的。调用函数时，如果指定的实参数量与形参数量不一致会出现 TypeError 异常，并提示缺少必要的位置参数。如果指定的实参位置与形参位置不一致，有时会出现 TypeError 异常，有时不会抛出异常，但得到的结果与预期不符，即产生 Bug。

【实例 5-5】演示位置参数必须按指定顺序传递的情形

实例 5-5 的代码如下所示。

```
def printInfo(name, age,gender):
    # 输出对应传入的字符串
    print("姓名：", name)
    print("年龄：", age)
    print("性别：", gender)
```

```
    return
# 调用 printInfo() 函数
printInfo("LiMing",21,"男")
```

实例 5-5 的函数 printInfo() 有 3 个参数，依次为 name、age、gender，所以调用该函数时，必须传递 3 个参数值，并且参数值的顺序也必须对应，这里传送的参数值依次为 "LiMing"、21、"男"。实例 5-5 代码的运行结果如下。

```
姓名：LiMing
年龄：21
性别：男
```

2. 关键字参数

关键字参数使用形参的名称来确定传递的参数值，函数调用时可以使用 "key=value" 的关键字参数形式。关键字参数用来确定传入的参数值。

使用关键字参数允许调用函数时参数的顺序与定义时不一致，只要参数名称正确即可，因为 Python 解释器能够用参数名匹配参数值。这样可以避免需要牢记参数位置的麻烦，使得函数调用和参数传递更加灵活方便。

【实例 5-6】演示关键字参数不需要按指定顺序传递的情形

实例 5-6 的代码如下所示。

```
def printInfo(name, age,gender):
    # 输出传入的字符串
    print("姓名：", name,end=" ")
    print("年龄：", age,end=" ")
    print("性别：", gender)
    return
# 调用 printInfo() 函数
printInfo(name="LiMing",age=21,gender="男")
printInfo(age=21,name="LiMing",gender="男")
printInfo(gender="男",age=21,name="LiMing")
```

实例 5-6 的函数 printInfo() 也有 3 个参数，依次为 name、age、gender，调用该函数时，如果使用 "key=value" 的关键字参数形式传递 3 个参数值，参数值的顺序可以为任意顺序，但其运行结果都相同，与预期结果完全一致。实例 5-6 代码的运行结果如下。

```
姓名：LiMing 年龄：21 性别：男
姓名：LiMing 年龄：21 性别：男
姓名：LiMing 年龄：21 性别：男
```

3. 默认值参数

定义函数时可以为某些参数定义默认值，构成可选参数。在调用参数设置了默认值的函数时，如果没有传递参数值，则会直接使用函数定义时设置的默认参数值。

定义带有默认值参数的函数的基本语法格式如下。

```
def 函数名称 (... , [ 参数名称 = 参数的默认值 ]):
    < 函数体 >
    return [ 表达式 ]
```

定义函数时，指定默认值的形参必须位于其他所有参数后，否则将会出现语法错误。并且默认值参数必须指向不可变对象，如果使用可变对象作为函数参数的默认值，多次调用函数时可能会出现结果不一致的情况。

【实例5-7】 演示调用函数时没有传入参数值使用默认值的情形

在实例5-7中，如果没有传入nation参数值，则使用默认值"汉族"，代码如下所示。

```
def printInfo(name, age, nation="汉族"):
    #输出任何传入的字符串
    print("姓名：", name,end=" ")
    print("年龄：", age,end=" ")
    print("民族：", nation)
    return
# 调用printInfo()函数
printInfo(name="LiMing",age=21,nation="壮族")
printInfo(name="LiMing",age=20)
```

实例5-7的运行结果如下。

```
姓名：LiMing 年龄：21 民族：壮族
姓名：LiMing 年龄：20 民族：汉族
```

【说明】 在Python中，可以使用"函数名称.__defaults__"查看函数的默认值参数的当前值，其结果是一个元组。例如对实例5-7执行语句print(printInfo.__defaults__)，结果如下。

```
('汉族',)
```

4. 不定长参数

在实际开发程序时，可能需要一个函数处理比当初定义时更多的参数，这些参数称为不定长参数或可变个数的参数列表，即调用函数时，传入函数的实际参数可以是任意个。

（1）以元组形式给不定长参数传递多个参数值。

以元组形式给不定长参数传递多个参数值时，不定长参数前面带一个星号"*"，定义这种形式的函数的基本语法格式如下。

```
def functionName([formal_args,] *var_args_tuple ):
    <函数体>
    return [expression]
```

加了一个星号"*"的参数会存放到一个元组中，然后以元组的形式导入，该元组存放所有未命名的0个或多个参数值。

【实例5-8】 演示以元组形式给不定长参数传递多个参数值

实例5-8中的函数printInfo()包含两个参数：参数arg1是一个必需参数；参数args前有一个"*"，以元组形式存放所有未命名的参数值，该参数也可以使用其他名称。代码如下所示。

```
def printInfo(arg1, *args):
    # 输出任何传入的参数
    print("输出：", end="")
    print(arg1,end="")
    print(args)
# 调用printInfo()函数
printInfo("weight",10, 20, 30)
printInfo("cherry","apple", "pear", "peach","cherry")
```

实例5-8代码的运行结果如下。

```
输出：weight(10, 20, 30)
输出：cherry('apple', 'pear', 'peach', 'cherry')
```

调用包含不定长参数的函数时，如果没有向不定长参数传递参数值，该不定长参数就是一个空元组。

如果想使用一个已经存在的列表作为不定长参数,可以在列表的名称前加一个星号"*",示例如下。

```
fruits=["apple", "pear", "peach","cherry"]
printInfo("cherry",*fruits)
```

其运行结果与 printInfo("cherry","apple", "pear", "peach","cherry") 相同。

【实例 5-9】演示给不定长参数传递参数值的多种情形

在实例 5-9 中,第 1 次调用函数 printInfo() 时,传递了 4 个参数值;第 2 次调用函数 printInfo() 时,只传递了一个参数值,也就是不定长参数没有传递参数值。其代码如下所示。

```
def printInfo(arg1, *args):
    # 输出任何传入的参数
    print("输出: ", end="")
    print(arg1, end=" ")
    for item in args:
        print(item, end="  ")
    print("")
    return
# 调用 printInfo() 函数
printInfo("weight",10, 20, 30)
printInfo("cherry")
```

实例 5-9 代码的运行结果如下。

```
输出: weight 10   20   30
输出: cherry
```

(2)以字典形式给不定长参数传递多个参数值。

以字典形式给不定长参数传递多个参数值时,不定长参数前带两个星号"**",定义这种形式的函数的基本语法格式如下。

```
def functionName([formal_args,] **var_args_dict ):
    <函数体>
    return [expression]
```

加了两个星号"**"的参数会存放在一个字典中,然后以字典的形式导入,该字典存放所有未命名的 0 个或多个参数值。

【实例 5-10】演示以字典形式给不定长参数传递多个参数值

实例 5-10 的函数 printInfo() 包含两个参数;参数 arg1 是一个必需参数;参数 args 前有两个"*",以字典形式存放所有未命名的参数值,该参数也可以使用其他名称。调用该函数时,传递给参数 dict 的参数必须为关键字参数形式"key=value"。其代码如下所示。

```
def printInfo(arg1, **dict):
    # 输出任何传入的参数
    print("输出: ", end="")
    print(arg1, end=" ")
    print(dict)
    for key,value in dict.items():
        print(key,":", value, end="  ")
    return
# 调用 printInfo() 函数
printInfo("student", name="LiMing", age=21, nation="壮族")
```

实例 5-10 代码的运行结果如下。

```
输出: student {'name': 'LiMing', 'age': 21, 'nation': '壮族'}
name : LiMing  age : 21  nation : 壮族
```

如果想使用一个已经存在的字典作为不定长参数,可以在字典的名称前加两个星号"**",示例如下。

```
fruits={"name":"LiMing","age":21,"nation":"壮族"}
printInfo("student",**fruits)
```

其运行结果与 printInfo("student",name="LiMing",age=21,nation=" 壮族 ") 相同。

5.4　函数变量的作用域

变量的作用域是指代码能够访问该变量的范围,如果超出该范围,访问该变量时就会出现异常。在 Python 中,一般会根据变量的 "有效范围",将变量分为局部变量和全局变量两种类型。

1. 局部变量

局部变量是指在函数内部定义并使用的变量。它只在函数内部有效,即定义在函数内部的变量拥有一个局部作用域,局部变量的名称只在函数运行时才会创建,在函数运行之前或运行完毕之后,所有的局部变量的名称都不存在。如果在函数外部使用函数内部定义的变量,就会出现 NameError 异常。

2. 全局变量

全局变量是指能够作用于函数内部和外部的变量,主要有以下两种情况。

(1)在函数外定义的变量拥有全局作用域。如果一个变量在函数外部定义,那么该变量不仅可以在函数外访问,也可以在函数内部访问。

【实例 5-11】演示 Python 中全局变量与局部变量的使用方法

实例 5-11 的代码如下所示。

```
age = 20    #全局变量
def printAge1():
    age = 50    #局部变量
    print(" 函数 printAge1() 中输出局部变量: age=", age)
def printAge2():
    print(" 函数 printAge2() 中输出全局变量: age=", age)
printAge1()
printAge2()
print(" 函数外部输出全局变量: age=", age )
```

实例 5-11 代码的运行结果如下。

```
函数 printAge1() 中输出局部变量: age= 50
函数 printAge2() 中输出全局变量: age= 20
函数外部输出全局变量: age= 20
```

【说明】当局部变量与全局变量重名时,对函数内的局部变量赋值不会影响函数外的全局变量。虽然 Python 允许全局变量和局部变量重名,但是在实际开发时,建议不要这么做,这样做容易让代码混乱,很难分清哪些是全局变量,哪些是局部变量。

(2)对于在函数内部定义的变量,如果使用 global 关键字定义,该变量也是全局变量,在函数外部也可以访问该变量,并且在该函数内部可以对其进行修改,但是在其他函数内部不能访问。

【实例5-12】 演示全局变量的两种使用形式

实例5-12的代码如下所示。

```python
global_grade = "三等奖"  #全局变量
print("函数外部输出全局变量国内技能竞赛获奖等级: ", global_grade )
def printRank1():
    local_grade = "一等奖"    #局部变量
    print("函数printRank1()内输出局部变量小组内技能竞赛获奖等级: ", local_grade)
    print("函数printRank1()内输出全局变量国内技能竞赛获奖等级: ", global_grade)

def printRank2():
    global grade   #使用关键字global定义全局变量grade
    grade = "二等奖"
    print("函数printRank2()内输出全局变量1省内技能竞赛获奖等级: ", grade)
    print("函数printRank2()内输出全局变量2国内技能竞赛获奖等级: ", global_grade)
printRank1()
printRank2()
print("函数外部输出全局变量1省内技能竞赛获奖等级: ", grade)
print("函数外部输出全局变量2国内技能竞赛获奖等级: ", global_grade)
```

实例5-12代码的运行结果如下。

```
函数外部输出全局变量国内技能竞赛获奖等级: 三等奖
函数printRank1()内输出局部变量小组内技能竞赛获奖等级: 一等奖
函数printRank1()内输出全局变量国内技能竞赛获奖等级: 三等奖
函数printRank2()内输出全局变量1省内技能竞赛获奖等级: 二等奖
函数printRank2()内输出全局变量2国内技能竞赛获奖等级: 三等奖
函数外部输出全局变量1省内技能竞赛获奖等级: 二等奖
函数外部输出全局变量2国内技能竞赛获奖等级: 三等奖
```

实例5-12中的全局变量global_grade是在函数外定义的，在函数外和两个函数内部都允许访问，全局变量grade是在函数printRank2()内部定义并赋值的，在函数printRank2()内外都允许访问，但在函数printRank1()内部不能访问；局部变量local_grade是在函数printRank1()内部定义并赋值的，只能在本函数printRank1()内部访问，在函数外和另一函数printRank2()内部都无法访问。

5.5　Python模块的创建与导入

　　Python提供了强大的模块支持。Python自身不仅提供了大量的标准模块，还可以使用很多第三方提供的模块，也允许自定义模块。强大的模块支持增强了代码的可重用性，即编写好一个模块后，可以将其导入程序中来实现所需的功能，这样能极大地提高程序开发效率。

　　Python的模块是包含函数定义和变量定义的Python文件，其扩展名也是".py"。一般把能够实现一定功能的代码放置在一个Python文件中作为一个模块，模块可以被别的程序导入并使用，方便其他程序使用模块中的函数等。另外，使用模块也可以避免函数名称和变量名称产生冲突。

　　模块除了函数定义，还可以包括可执行的代码，这些代码一般用来初始化模块。这些代码只有在第1次被导入时才会执行。

　　每个模块有各自独立的符号表，在模块内部被所有的函数当作全局符号表来使用。所以在模块内部可以放心使用这些全局变量，而不用担心跟其他模块中的全局变量混淆。

5.5.1　创建模块

通过创建模块可以将相关的变量定义和函数定义编写在一个独立的 Python 文件中，并且将该文件命名为"模块名称 .py"，也就是说，创建模块，实际就是创建一个 .py 文件。创建模块时，设置的模块名称尽量不要与 Python 自带的标准模块重名。模块创建完成后，就可以在其他程序中导入并使用该模块了。

在"D:\PycharmProject\Unit05"文件夹中创建一个自定义模块"fibonacci.py"，代码如下所示。

```
# 斐波那契数列模块
def fib1(n):      # 定义到 n 的斐波那契数列
    a, b = 0, 1
    while b < n:
        print(b, end=' ')
        a, b = b, a+b
    print()

def fib2(n):      # 返回到 n 的斐波那契数列
    result = []
    a, b = 0, 1
    while b < n:
        result.append(b)
        a, b = b, a+b
    return result
```

自定义模块完成后，可以通过"modname.itemname"这样的表示法来访问模块内的函数。示例如下。

```
>>>fibonacci.fib1
```

【说明】斐波那契（Fibonacci）数列指的是这样的数列：1、1、2、3、5、8、13、21、34……。在数学上，斐波那契数列以递推的方法定义：F(1)=1，F(2)=1，F(n)=F(n-1)+F(n-2)（$n \geqslant 3$，$n \in \mathbf{N}$），即这个数列从第 3 项开始，每一项都等于前两项之和。

5.5.2　导入模块

Python 的模块或程序文件中可以使用 import 或者 from…import 语句来导入相应的模块。通常在一个模块或程序文件的最前面使用 import 语句来导入模块，当然这只是一个惯例，而不是强制的，被导入的模块名称将被导入到当前操作模块的符号表中。

1. 使用 import 语句导入模块

想要使用 Python 的模块中的变量或函数，需要在另一个文件里执行 import 语句加载模块中的代码，其基本语法格式如下。

```
import module1[, module2[,…moduleN] [as alias]
```

其中，module1、module2……module$N$ 表示要导入模块的名称；as alias 为模块的别名，通过别名也可以使用模块。

import 语句允许一次导入多个模块，在导入多个模块时，模块名称之间使用半角逗号","分隔，但这种做法不推荐，因为这会减弱代码的可读性。

当解释器遇到 import 语句时，如果模块位于当前的搜索路径中就会被导入，搜索路径是解释器会先进行搜索的所有文件夹的列表。

一个模块只会被导入一次，不管执行多少次 import 语句，这样可以防止模块被一遍又一遍地导入。

打开 Windows 的命令提示符窗口，在命令提示符"＞"后面输入命令"D:"，按【Enter】键，将当前盘更换为 D 盘。然后输入命令"cd D:\PycharmProject\Unit05"，按【Enter】键，将当前文件夹更换为"Unit05"。

接着在当前的命令提示符后面输入"python"，按【Enter】键，出现提示信息，同时进入交互式 Python 解释器中，命令提示符变为"＞＞＞"，等待用户输入 Python 命令。

在命令提示符"＞＞＞"后面输入以下命令导入前面创建的自定义模块 fibonacci。

```
>>>import fibonacci
```

这种导入的方法并没有把直接定义在"fibonacci.py"文件中的函数名称导入当前的字符表中，只是把模块 fibonacci 的名称准备在那里了。

调用模块中的变量、函数时，需要在变量名称、函数名称前添加"模块名称."作为前缀，例如 fibonacci.fib1()、fibonacci.fib2()。

示例如下。

```
>>>fibonacci.fib1(100)
```

运行结果如下。

```
1 1 2 3 5 8 13 21 34 55 89
```

示例如下。

```
>>>fibonacci.fib2(100)
```

运行结果如下。

```
[1, 1, 2, 3, 5, 8, 13, 21, 34, 55, 89]
```

示例如下。

```
>>>fibonacci.__name__
```

运行结果如下。

```
'fibonacci'
```

调用模块 fibonacci 中自定义函数 fib1()、fib2() 的结果如图 5-7 所示。

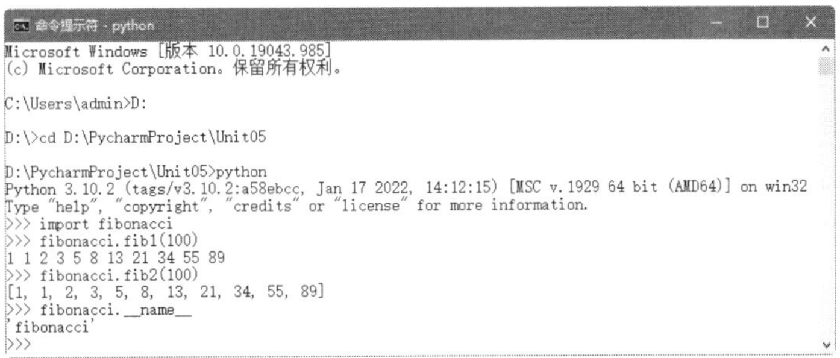

图5-7　调用模块fibonacci中自定义函数fib1()、fib2()的结果

如果模块名称比较长不容易记住，可以在导入模块时，使用 as 关键字为模块设置一个别名，然后就通过别名来调用模块中的变量、函数等对象。

例如，使用 turtle 模块绘图，代码如下。

```
import turtle as t
```

```
t.penup()                  #抬笔
t.goto(x, y)               #画笔起始位置
t.pencolor(rectcolor)      #画笔颜色
t.pendown()                #落笔
t.fillcolor(rectcolor)     #设置填充颜色
```

如果经常使用一个函数，也可以将该函数名称赋给一个本地的变量，然后通过本地的变量调用模块中的自定义函数，示例如下。

```
>>>fib= fibonacci.fib1
>>>fib(100)
```

运行结果如下。

```
1 1 2 3 5 8 13 21 34 55 89
```

2. 使用 from…import 语句导入模块

使用 import 语句导入模块时，每执行一条 import 语句都会创建一个新的命名空间（Namespace），并且在该命名空间中执行与 .py 文件相关的所有语句。需要在具体的变量、函数名称前加上"模块名称 ."前缀。如果不想在每次导入模块时都创建一个新的命名空间，而是将具体的定义导入当前的命名空间，可以使用 from…import 语句。使用 from…import 语句导入模块后，不需要再添加"模块名称 ."前缀，直接通过具体的变量、函数名称访问即可。

Python 的 from 语句的功能是从模块中导入一个指定的函数或变量的名称到当前模块中，基本语法格式如下。

```
from modename import name1[, name2[,…nameN]]
```

其中，modename 表示导入的模块名称，区分字母大小写，需要和定义模块时设置的模块名称的大小写完全一致；name1、name2……nameN 表示要导入的变量、函数名称。可以同时导入多个变量和函数，各个对象之间使用半角逗号","分隔。

例如，要导入模块 fibonacci 的 fib1() 和 fib2() 函数，使用如下语句。

```
>>>from fibonacci import fib1, fib2
>>>fib1(100)
```

运行结果如下。

```
1 1 2 3 5 8 13 21 34 55 89
```

这里不会把整个 fibonacci 模块导入当前的命名空间中，只会将 fibonacci 模块中的两个函数 fib1() 和 fib2() 导入。

【注意】使用 from…import 语句导入模块中的变量和函数时，要保证导入的名称在当前的命名空间中是唯一的，否则会产生命名冲突，后导入的同名变量、函数会覆盖先导入的。

3. 使用 from…import * 语句导入模块中的所有对象

还有一种方法，可以一次性把一个模块中的所有函数、变量名称全部都导入当前模块的字符表中，基本语法格式如下。

```
from modname import *
```

这会导入几乎所有的函数、变量名称，但是那些以单一下划线（_）开头的变量名称（局部变量）不在此列。通常并不主张使用这种方法来导入模块，因为这种方法经常会导致代码的可读性降低，有可能使导入的其他模块的名称覆盖本模块中已定义的。

4. Python 模块的搜索路径

当使用 import 语句导入模块的时候，Python 解释器是怎样找到对应文件的呢？

这就涉及 Python 的搜索路径，搜索路径是由一系列文件夹名称组成的，Python 解释器依次从这些文件夹中寻找导入的模块。这看起来很像环境变量，事实上，也可以通过定义环境变量的方式来确定搜索路径。搜索路径是在 Python 编译或安装的时候确定的，安装新的模块时也会自动修改。

默认情况下，会按照以下顺序进行查找。

（1）在当前文件夹（即当前正在执行的 Python 文件所在的文件夹）中查找。

（2）到环境变量中指定的每个文件夹中查找。

（3）到 Python 的默认安装文件夹中查找。

搜索路径被存储在 sys 模块中的 path 变量中，可以通过以下代码输出搜索路径的文件夹。

```
>>>import sys
>>>print(sys.path)
```

运行结果如下。

```
['','D:\\Python\\Python3.10.2\\python38.zip','D:\\Python\\Python3.10.2\\DLLs',
'D:\\Python\\Python3.10.2\\lib','D:\\Python\\Python3.10.2',
'C:\\Users\\Administrator\\AppData\\Roaming\\Python\\Python38\\site-packages',
'D:\\Python\\Python3.10.2\\lib\\site-packages']
```

如果导入的模块不在以上运行结果所示的文件夹中，那么在导入模块时，将会出现异常。

5.5.3　导入与使用 Python 的标准模块

Python 提供一些标准的模块，这里介绍几个常用的标准模块。

1. sys 模块

sys 模块是与 Python 解释器及其环境操作相关的标准库。导入与使用 sys 模块的代码如下。

```
>>>import sys
>>>for item in sys.argv:
    print (item)
>>>print('python路径: ',sys.path)
```

导入 sys 模块的 argv、path 成员的代码如下。

```
>>>from sys import argv,path  #导入特定的成员
>>>print('path:',path) #因为已经单独导入path成员，所以此处引用时不需要加"sys."
sys 还有 stdin、stdout 和 stderr 属性，在 stdout 被重定向时，stdeer 也可以用于显示警告和错误信息。
```

示例如下。

```
>>>sys.stderr.write('Warning, log file not found starting a new one\n')
```

运行结果如下。

```
Warning, log file not found starting a new one
47
```

大多数脚本的定向终止都使用 sys.exit() 语句。

2. os 模块

os 模块提供了不少与操作系统相关的函数。导入与使用 os 模块的代码如下。

```
>>>import os
>>>os.getcwd()                          #返回当前的工作目录
```

运行结果如下。

```
'D:\\PycharmProject\\Unit05'
>>>os.chdir('D:\PycharmProject')        #修改当前的工作目录
>>>os.system('mkdir Test05')            #执行系统命令mkdir
```

运行结果如下。

```
0
```

建议使用 import os 语句导入 os 模块而非 from os import * 语句，这样可以保证随操作系统变化而有所变化的 os.open() 语句不会覆盖内置函数 open()。

在使用 os 这样的大型模块时，内置的 dir() 和 help() 函数非常有用，示例如下。

```
>>>import os
>>>help(os)#返回函数或模块功能的详细说明
>>>dir(os)#返回模块os中所有对象的列表
```

5.5.4 使用内置函数 dir()

使用内置函数 dir() 可以找到模块内定义的所有名称，并以一个字符串列表的形式返回。

dir() 函数不带参数时，返回当前范围内的变量、方法和定义的类型列表；带参数时，返回参数的属性、方法列表。如果其参数包含方法 __dir__()，该方法将被调用；如果参数不包含 __dir__()，该方法将最大限度地收集参数信息。

示例如下。

```
>>>import fibonacci
>>>dir(fibonacci)
```

运行结果如下。

```
['__builtins__', '__cached__', '__doc__', '__file__', '__loader__', '__name__', '__
package__', '__spec__', 'fib1', 'fib2']
```

其中，'fib1', 'fib2' 就是导入的自定义函数名称。

```
>>>a = [1, 2, 3, 4, 5]
>>>import fibonacci
>>>fib = fibonacci.fib1
>>>dir()    #得到一个当前模块中定义的属性列表
```

如果没有给定参数，那么 dir() 函数会返回当前定义的所有名称。运行结果如下。

```
['__annotations__', '__builtins__', '__doc__', '__loader__', '__name__', '__
package__', '__spec__', 'a', 'fib', 'fibonacci']
```

5.5.5 __name__ 属性

一个模块被一个程序第一次导入时，其主程序将运行。如果想在模块被导入时，使模块中的某一代码块不执行，可以用 __name__ 属性。无论是隐式的还是显式的相对导入，都是从当前模块开始的。主模块的名字永远是 "__main__"，一个 Python 应用程序的主模块，应当总是使用绝对路径引用。

代码如下。

```
>>>if __name__ == '__main__':
    print('程序自身在运行')
```

```
else:
    print(' 我来自另一模块 ')
```

运行结果如下。

程序自身在运行

【说明】每个模块都有一个记录模块名称的 __name__ 属性，程序可以检查该属性，以确定它们是在哪一个模块中执行。如果一个模块不是被导入其他程序中执行，那么它可能在解释器的顶级模块中执行。顶级模块的 __name__ 属性的值为 '__main__'。当 __name__ 属性的值是 '__main__' 时，表明模块自身在运行，否则表明模块被导入。__name__ 与 __main__ 包含双下划线。

5.6　Python 中创建与使用包

使用模块可以避免函数、变量重名引发的命名冲突，如果模块重名又应该怎么办呢？Python 的包（Package）可以解决模块名称的冲突问题。包是一个分层的目录结构，它将一组功能相近的模块组织在一个文件夹中，这样既可以起到规范代码的作用，又能避免模块重名引起的命名冲突。

包可以简单理解为"文件夹"，只不过在该文件夹中必须存在一个名称为"__init__.py"的文件。实际开发软件项目时，会创建多个包用于存放不同类型的文件。

包是一种管理 Python 模块命名空间的工具。例如一个模块的名称是 A.B，表示一个包 A 中的子模块 B。就好像使用模块的时候，不用担心不同模块之间的全局变量相互影响一样，采用"包名称.模块名称"这种形式也不用担心出现不同包之间的模块重名的问题。

5.6.1　创建包

创建包实际上就是创建一个文件夹，并且在该文件夹中创建一个名称为"__init__.py"的 Python 文件，"__init__.py"文件是一个模块文件。在"__init__.py"文件中，可以编写一些需要的 Python 代码，导入包时会自动执行它们，也可以不编写任何代码，即该文件为空。

在 PyCharm 中创建包的步骤如下。

（1）在 PyCharm 窗口中右击已创建好的 PyCharm 项目，例如"PycharmProject"，在弹出的快捷菜单中选择【新建】-【Python 软件包】命令，如图 5-8 所示。

（2）在打开的【新建 Python 软件包】对话框中输入包名称"package01"，如图 5-9 所示，然后按【Enter】键即可完成 Python 包的创建。

以同样的方法再创建另一个包"package02"，PyCharm 项目"PycharmProject"中两个包的结构如图 5-10 所示。

从图 5-10 中可以看出新创建的两个包中都自动生成了"__init__.py"文件。

（3）在包中创建模块。

包"package01"创建完成后，就可以在该包中创建所需的模块了，这里创建模块"myModule01.py"。在 PyCharm 窗口中右击已创建好的 PyCharm 包"package01"，在弹出的快捷菜单中选择【新建】-【Python 文件】命令，在打开的【新建 Python 文件】对话框中输入 Python 模块名称"myModule01.py",然后双击【Python 文件】选项,完成 Python 模块的新建。

同样,包"package02"创建完成后,就可以在该包中创建所需的模块了,这里创建模块"myModule02.py"。

图5-8　在 PyCharm 项目的快捷菜单中选择【Python 软件包】命令

图5-9　【新建 Python 软件包】对话框

图5-10　PyCharm 项目"PycharmProject"中两个包的结构

(4)编写包中模块"myModule01.py"的代码。

模块"myModule01.py"的代码如下。

```
globalAttribute = "global:全局变量"
width = 2560
height= 1600
def printStar():
    print(" ☆☆☆☆☆☆☆☆☆☆☆☆ ")
def resolution():
    print(" 物理分辨率: ",width,"×", height," 像素 ")
if __name__=="__main__":
    strModule="myModule01"
    print(" 这是运行了模块 "+strModule+" 的输出语句 ")
```

在 PyCharm 窗口中单击工具栏中的【保存】按钮,保存模块文件"myModule01.py"。

（5）编写包中模块"myModule02.py"的代码。

模块"myModule02.py"的代码如下。

```
strInfo="物理分辨率："
def width(w):
    return w

def height(h):
    return h

def resolution(info,w,h):
    print(info,width(w),"×", height(h),"像素")
```

在 PyCharm 窗口中单击工具栏中的【保存】按钮，保存模块文件"myModule02.py"。

5.6.2　使用包

包中所需的模块创建完成后，就可以在 Python 代码中使用 import 语句从包中加载模块。从包中加载模块通常有以下 3 种方式。

1. 通过"import+ 完整包名称 + 模块名称"形式加载指定模块

导入包"package01"中的模块"myModule01"的代码如下。

```
import package01.myModule01
```

通过这种方式导入模块"myModule01"后，使用模块"myModule01"中的变量和函数时，需要使用完整的名称，在变量名称和函数名称前加"package01.myModule01."前缀。

【实例 5-13】演示通过"import+ 完整包名称 + 模块名称"形式加载指定模块的变量和函数的情形

实例 5-13 的代码如下所示。

```
import package01.myModule01
print("输出模块"myModule01"中的全局变量", package01.myModule01.globalAttribute)
package01.myModule01.printStar()
```

实例 5-13 代码的运行结果如下。

```
输出模块"myModule01"中的全局变量global：全局变量
☆☆☆☆☆☆☆☆☆☆☆☆
```

2. 通过"from+ 完整包名称 +import+ 模块名称"形式加载指定模块

导入包"package01"中的模块"myModule01"的代码如下。

```
from package01 import myModule01
```

通过这种方式导入模块"myModule01"，在使用"myModule01"中的变量和函数时，不需要带包名前缀"package01."，但需要带模块名前缀"myModule01."，示例代码如下。

```
myModule01.resolution()
```

3. 通过"from+ 完整包名称 + 模块名称 +import+ 变量名称或函数名称"形式加载指定变量或函数

导入包"package02"中的模块"myModule02"中定义的变量和函数的代码如下。

```
from package02.myModule02 import strInfo,resolution
```

通过这种方式导入模块的函数、变量后，可以直接使用函数、变量名称。

通过"from+ 完整包名称 +import+ 模块名称"形式加载指定模块时，可以使用星号"*"

代替多个变量或函数名称，表示加载该模块中的全部对象，示例如下。

```
from package02.myModule02 import *
```

【**实例5-14**】演示通过"from+ 完整包名称 + 模块名称 +import+ 变量名称或函数名称"形式加载指定变量或函数和通过"from+ 完整包名称 +import+ 模块名称"形式加载指定模块两种情形

实例 5-14 的代码如下所示。

```
from package01 import myModule01
from package02.myModule02 import strInfo,resolution
if __name__=="__main__":
    print("调用包 1 的模块 1 中的函数 ");
    myModule01.resolution()
    print("调用包 2 的模块 2 中的函数 ");
    print(resolution(strInfo,3000,2000))
```

实例 5-14 代码的运行结果如下。

```
调用包 1 的模块 1 中的函数
物理分辨率: 2560 × 1600 像素
调用包 2 的模块 2 中的函数
物理分辨率: 3000 × 2000 像素
```

知识扩展

1. Python 的常用内置函数

Python 提供了丰富的内置函数，前面各单元中已多次使用过 Python 内置的标准函数 print()、input()、range()。使用这些函数可以大大提高代码的重复利用率，可以有效提高 Python 程序开发效率，编写 Python 程序时，这些函数可以直接使用。

2. Python 的匿名函数

Python 中使用 lambda 创建的函数是一种匿名函数，即没有名字的函数。lambda 用于定义简单的、能够在一行内表示的函数。

定义匿名函数的基本语法格式如下，只包含一个语句。

```
lambda [arg1 [, arg2,…argn]]:<expression>
```

以上语句等价于以下以规范格式创建的有名函数

```
def < 函数名称 >([arg1 [, arg2,…argn]]):
    < expression >
    return < 返回值 >
```

如果匿名函数有多个参数，各个参数之间使用半角逗号","分隔，并且表达式可以使用这些参数。匿名函数只有一个表达式作为函数体，而不是一个代码块，只能返回一个值，函数体比由 def 语句定义的函数简单很多，仅仅能在 lambda 表达式中封装有限的语句。

匿名函数拥有自己的命名空间，且不能访问自己参数列表之外或全局命名空间里的参数。虽然匿名函数看起来只能写一行，却不等同于 C/C++ 的内联函数，后者的目的是调用小函数时不占用栈内存从而提高运行效率。

匿名函数的定义示例代码如下。

```
>>>sum = lambda arg1, arg2: arg1 + arg2
# 调用匿名函数
>>>print ("两个数之和为：", sum( 2, 3 ))
>>>print ("两个数之和为：", sum( 15, 25 ))
```

运行结果如下。

```
两个数之和为：5
两个数之和为：40
```

3. Python 的生成器

在 Python 中，使用 yield 的函数被称为生成器（Generator）。跟普通函数不同的是，生成器是一个返回迭代器的函数，只能用于迭代操作。简单点理解，生成器就是一个迭代器，调用一个生成器函数，返回的是一个迭代器对象。

在调用生成器运行的过程中，每次遇到 yield 时函数会暂停并保存当前所有的运行信息，返回 yield 的值，并在下一次执行 next() 方法时从当前位置继续运行。

单元测试

1. 选择题

（1）Python 中的"=="运算符用于比较两个对象的值，下列选项中是 is 比较对象的因素的是（   ）。

    A. id()   B. sum()   C. max()   D. min()

（2）调用以下函数返回的值是（   ）。

```
def myfun():
    pass
```

    A. 0   B. 出错，不能运行

    C. 空字符串   D. None

（3）现有如下函数。

```
def showNumber(numbers):
    for n in numbers:
        print(n)
```

下面调用函数的语句中执行时会报错的是（   ）。

    A. showNumber([2,4,5])   B. showNumber('abcesf')

    C. showNumber(3.4)   D. showNumber((12,4,5))

（4）现有如下函数。

```
def changeInt(number2):
    number2 = number2+1
    print("changeInt:number2=",number2)
number1 = 2
changeInt(number1)
print("number:",number1)
```

输出结果正确的是（   ）。

    A. changeInt: number2= 3   B. changeInt:number2= 3

        number: 3   number: 2

> C.　number: 2
> 　　changeInt: number2= 2

> D.　number: 2
> 　　changeInt: number2= 3

（5）现有如下函数。

```
def changeList(list):
    list.append(" end")
    print("list",list)
# 调用
strs =['1','2']
changeList(strs)
print("strs",strs)
```

下面 strs 的值输出正确的是（　　　　）。

A.　strs['1','2']　　　　　　　B.　list['1','2']

C.　list['1', '2', ' end']　　　　D.　strs['1', '2', ' end']

（6）导入模块的方式错误的是（　　　　）。

A.　import test

B.　from test import *

C.　import test as m

D.　import m from test

（7）以下关于模块的说法错误的是（　　　　）。

A.　一个 .py 文件就是一个模块

B.　任何一个普通的 .py 文件都可以作为模块导入

C.　模块文件的扩展名不一定是 .py

D.　运行时会从指定的文件夹搜索导入的模块，如果没有，会报错

（8）以下关于函数定义的规则描述，正确的有（　　　　）。

A.　函数代码块以 def 关键字开头，后接函数名称和小括号"()"

B.　任何传入参数和自变量必须放在小括号中，小括号中可以定义参数

C.　return [表达式] 用于结束函数，有选择性地返回一个值给调用方

D.　函数内容以冒号为起始，并且有合理的缩进

（9）下面代码的运行结果是（　　　　）。

```
def total(a, b=3, c=5):
    return a+b+c
print(total(a=8, c=2))
```

A.　13　　　　　B.　16　　　　　C.　15　　　　　D.　14

（10）下面代码的运行结果是（　　　　）。

```
def demo(a, b, c=3, d=100):
  return sum((a,b,c,d))
print(demo(1, 2, d=3))
```

A.　11　　　　　B.　10　　　　　C.　9　　　　　D.　8

2.　填空题

（1）已知 x = 3，并且 id(x) 的返回值为 496103280，那么执行语句 x += 6 之后，表达式 id(x) == 496103280 的值为_____。

（2）表达式 int('123', 16) 的值为_____。

（3）表达式 abs(-3) 的值为_____。

（4）Python 内置函数_____可用于返回列表、元组、字典、集合、字符串以及 range 对象中元素的个数。

（5）Python 内置函数_____用来返回序列中的最大元素。

（6）Python 内置函数_____用来返回序列中的最小元素。

（7）Python 内置函数_____用来返回数值型序列中所有元素之和。

（8）表达式 abs(3+4j) 的值为_____。

（9）表达式 sum(range(1, 10)) 的值为_____。

（10）表达式 range(10,20)[4] 的值为_____。

（11）表达式 round(3.7) 的值为_____。

（12）Python 中定义函数的关键字是_____。

（13）如果函数中没有 return 语句或者 return 语句不带任何返回值，那么该函数的返回值为_____。

（14）假设有 Python 程序文件 "abc.py"，其中只有一条语句 print(__name__)，那么直接运行该程序时得到的结果为_____。

（15）已知函数定义如下。

```
def demo(x, y, op):
    return eval(str(x)+op+str(y))
```

那么表达式 demo(3, 5, '+') 的值为_____。

3. 判断题

（1）只有 Python 扩展模块需要导入以后才能使用其中的对象，Python 标准模块不需要导入即可使用其中的所有对象和方法。   （ ）

（2）虽然可以使用 import 语句一次导入任意多个标准模块或扩展模块，但是仍建议每次只导入一个标准模块或扩展模块。   （ ）

（3）函数是代码复用的一种方式。   （ ）

（4）定义函数时，即使该函数不需要接收任何参数，也必须保留一对空的小括号来表示这是一个函数。   （ ）

（5）编写函数时，一般先对参数进行合法性检查，然后再编写正常的功能代码。（ ）

（6）一个函数如果带有默认值参数，那么必须为所有参数都设置默认值。 （ ）

（7）定义 Python 函数时必须指定函数返回值类型。   （ ）

（8）定义 Python 函数时，如果函数中没有 return 语句，则默认返回 None。 （ ）

（9）如果在某个函数中有语句 return 3，那么该函数一定会返回整数 3。 （ ）

（10）函数中必须包含 return 语句。   （ ）

（11）函数中的 return 语句一定能够执行。   （ ）

（12）在函数内部直接修改形参的值并不影响外部实参的值。   （ ）

（13）在函数内部没有任何方法可以通过形参影响实参的值。   （ ）

（14）调用带有默认值参数的函数时，不能为默认值参数传递任何值，必须使用函数定义时设置的默认值。   （ ）

（15）形参可以看作函数内部的局部变量，函数运行结束之后形参就不可访问了。
（　　）

（16）假设已导入 random 标准模块，那么表达式 max([random.randint(1, 10) for i in range(10)]) 的值一定是 10。
（　　）

（17）Python 标准模块 random 的方法 randint(m,n) 用来生成一个 [m,n] 区间的随机整数。
（　　）

（18）在 Python 中定义函数时不需要声明函数参数的类型。
（　　）

（19）定义函数时，带有默认值的参数必须出现在参数列表的右端，任何一个带有默认值的参数右边不允许出现没有默认值的参数。
（　　）

单元6
类的定义与使用

06

类是对现实世界中一些事物的封装，对象是事物存在的实体。Python是一种面向对象的程序设计语言，在尽可能不增加新的语法和语义的前提下形成了类机制。在Python中，一切都可以视为对象，即不仅具体的事物称为对象，例如学生、职工、教师、学校、班级、图书、电子产品、手机、电视机等，字符串、函数等也都是对象，使用Python可以方便地创建一个类和对象，Python中的类提供了面向对象编程的所有基本功能，本单元介绍Python面向对象编程的基础知识。

知识入门

1. Python 3 面向对象技术简介

下面介绍面向对象编程的一些基本概念。

（1）类（Class）。

在 Python 中，类是一个抽象概念，例如学生、职工、教师、学校、班级、图书、电子产品、手机、电视机、西装等客观实体都可以在程序中定义为对应的类，在类中，可以定义每个对象共有的属性和方法，类是用来描述具有相同的属性和方法的对象的集合。

（2）实例化。

创建一个类的实例，即创建类的具体对象，也称为实例化。

（3）对象。

对象是事物存在的实体，类定义完成后就会产生一个类对象。对类进行实例化操作，创建一个类的实例，就会产生类的实例对象，实例对象是根据类的模板生成的一个内存实体，有确定的数据与内存地址。

下面以衬衫为例简单说明类对象与实例对象的含义与区别。

衬衫是一种有领、有袖、前开襟，并且袖口有扣的上衣，常贴身穿。男衬衫通常胸前有口袋，袖口有袖头。

衬衫的款式，除领式外，衣身有直腰身、曲腰身、内翻门襟、外翻门襟、方下摆、圆下摆以及有背褶和无背褶等。袖有长袖、短袖、单袖头、双袖头等。

衬衫是服装中的一类，即一类实体，一般可以分为正装衬衫、休闲衬衫、便装衬衫、家居衬衫、度假衬衫等多种类型。按穿着者的性别和年龄，衬衫可分为男式衬衫、女式衬衫和儿童衬衫三类。正式制作衬衫之前先要进行衬衫结构设计、制作设计图，然后根据设计图制作。一套衬衫设计图规定了衬衫的多个特征，根据一套衬衫设计图可以加工出千千万万件衬衫。这里的衬衫设计图可以理解为类，它设计了衬衫的多个属性，如图6-1所示；根据设计图加工出的成品衬衫可以理解为类实例，如图6-2所示。一个类可以对应多个实例。

图6-1　衬衫设计图

图6-2　成品衬衫

（4）数据成员。

类主要包括两类数据成员：属性和方法。类定义了集合中每个对象共有的属性和方法。在类的声明中，属性是用变量来表示的，方法是指在类中定义的函数。

（5）类属性。

描述类的属性称为类属性，它属于类。如果类本身需要绑定一个属性，可以直接在类中定义属性，这种属性是类属性，归类所有。类属性在内存中只有一份，所有实例对象公用，类的所有实例都可以访问。

类属性是定义在类中方法之外的变量。类属性是所有实例化对象公用的，可以通过类名称或实例名称访问类属性，但类属性通常不作为实例属性使用。

（6）实例属性。

由于Python是动态语言，根据类创建的实例可以任意绑定属性。实例属性用来描述根据类创建的实例对象，通过实例属性或者self变量可以给实例绑定属性。实例属性是指定义在方法内部的属性，通常在类的__init__()方法内部定义，在各自实例对象的内存中都保存一份，只能通过实例名称而不能通过类名称访问实例属性。也可以通过实例名称修改实例属性值。

（7）方法。

方法是指类中定义的函数，通常也分为实例方法和类方法。实例方法是在类中使用def关键字定义的函数，至少有一个参数，一般以名为"self"的变量作为参数（使用其他名称也可以），而且需要作为第一个参数，实例方法一般使用实例名称调用。类方法是属于类的方法，这种方法要使用@classmethod来修饰，其第一个参数一般命名为cls（也可以是别的名称）。类方法一般使用类名称调用。

（8）继承。

继承是指派生类（Derived Class）继承父类（Base Class）的属性和方法，允许把一个派生类的对象作为一个父类对象。

（9）方法重写。

如果从父类继承的方法不能满足子类的需求，可以对其进行改写，这个过程叫方法的覆盖（Override），也称为方法的重写。

2. Python 身份运算符

Python 的身份运算符用于比较两个对象的存储单元，如表6-1 所示。

表6-1　　　　　　　　　　　　　Python身份运算符及示例

运算符	说明	示例
is	用于判断两个标识符是不是引自同一个对象	x is y，类似 id(x) == id(y)。如果引用的是同一个对象则返回 True，否则返回 False
is not	用于判断两个标识符是不是引自不同对象	x is not y，类似 id(a) != id(b)。如果引用的不是同一个对象则返回结果 True，否则返回 False

【说明】表 6-1 中的 id() 函数用于获取对象的内存地址。

is 与 == 的区别是：is 用于判断两个变量的引用对象是否为同一个，== 用于判断引用变量的值是否相等。

6.1　创建类及其对象

在 Python 中使用类时，需要先定义类，然后再创建类的实例，通过类的实例就可以访问类中的属性和方法。

6.1.1　定义类

在 Python 中，类的定义使用 class 关键字来实现，定义类的基本语法格式如下。

```
class ClassName:
    <statement>        # 类体
```

其中，ClassName 用于指定类名称，一般使用大写字母开头，如果类名称中包括多个单词，后面的几个单词的首字母也要大写，即采用大驼峰法命名，这是类的命名惯例，应遵守；statement 表示类体，类体主要包括类属性定义和方法定义。如果在定义类时，暂时不需要编写代码，也可以在类体中直接使用 pass 语句代替实际的代码。

【注意】类名称后有个冒号，类体要向右边合理缩进。

6.1.2　创建类的实例

类定义完成后，并不会真正创建一个实例对象，还需要手动创建类的实例，即实例化类。类的实例化也称为创建对象，其基本语法格式如下。

```
ClassName(parameterlist)
```

其中，ClassName 是必选名称，用于指定具体的类名称；parameterlist 是可选参数，当创建一个类时没有创建 __init__() 方法，或者当 __init__() 方法中只有一个 self 参数时，parameterlist 允许省略。

【实例 6-1】演示 Python 类的定义与类实例的创建

实例 6-1 的代码如下所示。

```python
from datetime import datetime, date
class Person:
    name = " 李明 "
    birthday="2000-9-11"
    def calculateAge(self):
        today = date.today()
        birthDate = datetime.strptime(self.birthday, "%Y-%m-%d")
        age=today.year -birthDate.year - \
            ((today.month, today.day) < (birthDate.month, birthDate.day))
        return age
man = Person()  # 实例化类
print(man)
# 访问类的属性和方法
print("Person 类的属性 name 值为：", man.name)
print("Person 类的方法 calculateAge() 的返回值为：", man.calculateAge())
```

实例 6-1 代码的运行结果如下。

```
<__main__.Person object at 0x00000291E6BA0160>
Person 类的属性 name 值为：李明
Person 类的方法 calculateAge() 的返回值为： 19
```

【说明】该运行结果为作者运行程序的输出结果，年份不同该结果有变化。

实例 6-1 中创建了一个 Person 类，类 Person 定义完成后就产生了一个类对象，可以通过类对象来访问类中的属性和方法。

类定义好后就可以进行实例化操作，通过代码 "man = Person()" 产生一个 Penson 类的实例对象，并将该对象赋给变量 man，man 即为实例对象，实例对象是根据类的模板生成的一个内存实体，有确定的数据与内存地址。

6.2　类属性与实例属性

类的成员包括属性和方法，在类中创建了类的成员后，可以通过类的实例进行访问。

在类中定义的变量称为类的属性，根据定义位置的不同，属性可以分为类属性和实例属性。类实例化后，可以使用其属性，实际上，创建一个类之后，就可以通过类名称访问其属性。类属性是指在类中的方法外定义的属性，包括公有属性、保护属性和私有属性，类属性可以在类的所有实例之间共享，也就是在所有实例化的对象中公用。实例属性在方法内定义，通常在类的 __init__() 方法中定义，实例属性只属于类的实例，只能通过实例名称访问。

【实例 6-2】演示 Python 类的定义与类属性的定义

实例 6-2 的代码如下所示。

```python
class Suit:
    style = " 男式衬衫 "          #款式
    model="170"                  #型号
    clothingLength=74.5          #衣长
    bust = 100                   #胸围
    waistline=89                 #腰围
```

```
        sleeveLength=61.8          #袖长
        shoulderWidth=44.8         #肩宽
        print("这是 ", style, "的规格")
        def printInfo(self):
            print("我的胸围是: ",Suit.bust,"厘米")
            print("适合我的 ",self.style,"是: ",Suit.model)
print("Suit类的属性bust值为: ", Suit.bust)
suit1 = Suit()  #实例化类
print("suit1实例的属性model值为: ", suit1.model)
suit1.printInfo()
```

实例6-2代码的运行结果如下。

```
这是 男式衬衫 的规格
Suit类的属性bust值为: 100
suit1实例的属性model值为: 170
我的胸围是: 100 厘米
适合我的 男式衬衫是: 170
```

实例6-2中的属性style、model、clothingLength、bust、waistline、sleeveLength、shoulderWidth都属于Suit类的属性，这些属性在类中的方法外面、方法内部、类外部都可以访问，但访问形式有区别，如表6-2所示。

表6-2 类属性的访问形式与要求

访问位置		访问形式	样例
类内部	方法外部	属性名称	style
	方法内部	类名称.属性名称	Suit.bust、Suit.model
		self.属性名称	self.style
类外部		类名称.属性名称	Suit.bust
		类实例名称.属性名称	suit1.model

由表6-2可知，类属性的访问形式有4种：属性名称、类名称.属性名称、self.属性名称、类实例名称.属性名称。

因为类属性可以在类的所有实例之间共享，如果在类外对类属性进行修改，所有类实例的属性也会同步修改，类属性的值通过多个类实例访问时，其结果相同。

在实例6-2中添加以下代码。

```
suit2=Suit()
Suit.bust=60.5
print("Suit类的属性bust值为: ", Suit.bust)
print("suit1实例的属性bust值为: ", suit1.bust)
print("suit2实例的属性bust值为: ", suit2.bust)
```

新增代码的运行结果如下。

```
Suit类的属性bust值为: 60.5
suit1实例的属性bust值为: 60.5
suit2实例的属性bust值为: 60.5
```

从运行结果可以看出，通过3种方式（Suit.bust、suit1.bust、suit2.bust）访问类属性，其结果均为修改后的属性值。

如前所述，衬衫设计图相当于类，其属性值修改后，所有根据修改后的设计图制作的衬衫实物，其属性值会同步变化。

每一件衬衫实物相当于类实例，张山购买了一件男式衬衫，发现其他方面都合适，只有袖长长了一点，于是张山要求衬衫厂家根据他本人的实际长度更改一下他购买的衬衫袖长，这种情况下，更新的只有一件衬衫的袖长，而衬衫设计图和其他同款衬衫的袖长并没有改变。类实例也是如此，如果只是修改了一个实例的属性值，类属性和其他实例属性的值并不会发生改变。

在实例 6-2 中添加以下代码。

```
suit2.bust=59.5
print("Suit 类的属性 bust 值为：", Suit.bust)
print("suit1 实例的属性 bust 值为：", suit1.bust)
print("suit2 实例的属性 bust 值为：", suit2.bust)
```

第 2 次新增代码的运行结果如下。

```
Suit 类的属性 bust 值为： 60.5
suit1 实例的属性 bust 值为： 60.5
suit2 实例的属性 bust 值为： 59.5
```

从第 2 次新增代码的运行结果可以看出，通过类实例 suit2 修改 bust 属性值后，只有类实例 suit2 的 bust 属性值发生了变化，而类 Suit 的 bust 属性值和另一个类实例 suit1 的 bust 属性值都没有改变。这里修改的 bust 属性是类实例 suit2 的属性，而不是类 Suit 的属性。

根据以上分析可知，实例属性也可以通过实例名称进行修改，与类属性不同，通过实例名称修改实例属性后，并不影响类属性和其他实例中相应的实例属性的值，影响的只有实例自身的属性值。

由于 Python 是动态语言，根据类创建的实例可以任意绑定属性，通过实例属性或者通过 self 变量可以给实例绑定属性。在编写程序的时候，对类属性和实例属性的定义位置和名称加以区别，类属性通常不作为实例属性使用。类属性通常在类中的方法外定义，实例属性在方法内定义，通常在类的 __init__() 方法中定义。由于实例属性的优先级比类属性高，相同名称的实例属性将屏蔽掉类属性，并且删除实例属性后，再使用相同的名称访问时，访问到的将是类属性，所以要求实例属性和类属性使用不同的名字。

类属性是所有实例化对象公用的，可以通过类名称或实例名称访问类属性。实例属性只属于类的实例，只能通过实例名称访问，不能通过类名称访问。

6.3　类方法与实例方法

在类中可以根据需要定义一些方法，定义方法使用 def 关键字，定义类的方法与普通函数不同，类方法包含一个参数 self，且必须为第一个参数，这里的 self 代表的是类的实例。

6.3.1　类的实例方法

Python 中的实例方法是类中的一个行为，是类的一部分。所谓实例方法是指在类中定义的函数，该函数是一种在类的实例上操作的函数。同 __init__() 方法一样，实例方法的第一个参数必须是 self，并且必须包含一个 self 参数。

创建类的实例方法的基本语法格式如下。

```
def functionName( self , parameterlist )
    <方法体>
```

其中，functionName 表示方法名称，采用小驼峰法命名，使用小写字母开头。self 为必要参数，表示类的实例，可以通过它来传递实例的属性和方法，也可以通过它传递类的属性和方法，其名称 self 并不是规定的名称，而是使用 Python 编程时的惯用名称，该名称也可以自定义，例如使用 this，但是最好还是按照惯例使用 self。parameterlist 用于指定除 self 参数以外的参数，各参数之间使用半角逗号","进行分隔。方法体的代码用于实现所需的功能。

类的实例方法创建完成后，在类外部可以通过类的实例名称和点"."操作符进行访问，其基本语法格式如下。

```
instanceName.functionName( parameterValue )
```

其中，instanceName 表示类的实例名称；functionName 表示要调用的方法名称；parameterValue 表示调用方法时的实际参数，其个数与创建类的实例方法中 parameterlist 的个数相同。

【实例 6-3】演示 Python 类的实例方法的定义

实例 6-3 的代码如下所示。

```python
from datetime import datetime, date
class Person:
    """ 类的属性 """
    name = " 李明 "              #公有属性
    __birthday="2000-9-11"
    def __calculateAge(self):      #私有方法
        today = date.today()
        birthDate = datetime.strptime(self.__birthday, "%Y-%m-%d")
        age=today.year -birthDate.year - \
            ((today.month, today.day) < (birthDate.month, birthDate.day))
        return age
    def getAge(self):
        return self.__calculateAge()

man = Person()    # 实例化类
print("Person 类的方法 getAge() 的返回值为：", man.getAge())
# 出现异常，类实例不能访问私有方法
print("Person 类的方法 __calculateAge() 的返回值为：", man.__calculateAge())
```

实例 6-3 代码的运行结果如下。

```
Traceback (most recent call last):
  File "D:/PycharmProject/Practice/Unit06/p6-4.py", line 24, in <module>
    print("Person 类的方法 __calculateAge() 的返回值为：", man.__calculateAge())
AttributeError: 'Person' object has no attribute '__calculateAge'
Person 类的方法 getAge() 的返回值为：19
```

【说明】该运行结果为作者运行程序的输出结果，年份不同该结果有变化。

从实例 6-3 可以看出方法 __calculateAge() 的名称由两个下划线开头，表明该方法为类的私有方法，只能在类的内部调用，不能在类的外部调用。在类内部调用实例方法的基本语法格式如下。

```
self.__methodName()
例如：self.__calculateAge().
```

在类外部可以调用类的公有方法，调用形式有以下两种。

```
形式一：类实例名称 . 实例方法名称（ [ 参数值列表 ] ）.
例如：man.getAge().
```

通过实例名称 man 调用 getAge() 方法时，将实例对象 man 自身作为第 1 个参数传递给方法的参数 self。

> 形式二：类名称 . 实例方法名称（类实例名称 [，参数值列表]）。
> 例如：Person.getAge(man)。

通过类名称 Person 调用 getAge() 方法时，也需要将实例对象 man 自身作为参数传递给方法的参数 self。

6.3.2　类方法

在 Python 类的内部，使用 def 关键字可以定义属于类的方法，这种方法需要使用 @classmethod 来修饰，而且第 1 个参数一般命名为 cls（这只是 Python 的惯用名称，也可以使用自定义名称，例如 my）。类方法一般使用类的名称来调用，调用时会把类名称传递给类的第 1 个参数 cls，通过 cls 来传递类的属性和方法，但不能传递实例的属性和方法。

实例对象和类对象都可以调用类方法，调用类方法的基本语法格式如下。

> 形式一：类实例名称 . 类方法名称（[参数列表]）。
> 形式二：类名称 . 类方法名称（[参数列表]）。

【注意】调用类方法与调用类的实例方法有所不同，使用类名称调用类方法时，并不需要将类实例名称作为参数显式传递给类方法。

6.3.3　静态方法

在 Python 类的内部，还可以定义静态方法，这种静态方法需要使用 @staticmethod 来修饰，静态方法没有 self 和 cls 参数，方法体中不能使用类或实例的任何属性和方法。

实例对象和类对象都可以调用类的静态方法，要访问类的静态方法，可以采用类名称调用，并且不会向静态方法传递任何参数。

调用类的静态方法的基本语法格式如下。

> 形式一：类实例名称 . 类静态方法名称 ()。
> 形式二：类名称 . 类静态方法名称 ()。

静态方法是类中的函数，不需要实例。静态方法在逻辑上属于类，但是和类本身没有关系，也就是说静态方法中不会涉及类中的属性和方法的操作。可以理解为，静态方法是个独立的、单纯的函数，仅仅托管于某个类的名称空间中，便于使用和维护。

【任务 6-1】定义商品类及其成员

【任务描述】

（1）在 PyCharm 中创建项目"Unit06"。

（2）在项目"Unit06"中创建 Python 程序文件"t6-1.py"。

（3）定义商品类 Commodity。

（4）定义类的多个公有属性和私有属性。

（5）定义多个实例方法。

（6）分别通过类名称、实例名称访问类的属性。

（7）分别通过类的实例方法输出类的公有属性和私有属性值。

【任务实施】

1. 创建 PyCharm 项目"Unit06"

成功启动 PyCharm 后，在指定位置"D:\PycharmProject\"创建 PyCharm 项目"Unit06"。

2. 创建 Python 程序文件"t6-1.py"

在 PyCharm 项目"Unit06"中，新建 Python 程序文件"t6-1.py"，PyCharm 窗口中显示程序文件"t6-1.py"的代码编辑区域，在该程序文件的代码编辑区域中自动添加了模板内容。

3. 编写 Python 代码

在文件"t6-1.py"的代码编辑区域中的已有模板注释内容下面输入代码，程序文件"t6-1.py"中类定义的代码如下所示。

```python
class Commodity:
    ''' 商品类 '''
    # 定义类的公有属性，公有属性在类外部可以直接访问
    commodityCode="100009177374"          # 定义公有类属性：商品编号
    commodityName=" 华为 Mate 30 Pro 5G"   # 定义公有类属性：商品名称
    commodityPrice=6899.00                # 定义公有类属性：价格
    produceDate="2020/1/18"               # 定义公有类属性：生产日期

    # 定义类的私有属性，私有属性在类外部无法直接访问
    __code="65559628242"
    __name=" 海信（Hisense）100L7"
    __price=79999.00
    __date="2020/1/6"

    def printLine(self):
        print("-----------------------------------------------------")

    def printCommodityPublic(self):
        print("商品编号：" + self.commodityCode)
        print("商品名称：" + self.commodityName)
        print("价    格：" + "{:.2f}".format(Commodity.commodityPrice))
        print("生产日期：" + Commodity.produceDate)

    def printCommodityPrivate(self):
        print("商品编号：" + self.__code)
        print("商品名称：" + self.__name)
        print("价    格：" + "{:.2f}".format(Commodity.__price))
        print("生产日期：" + Commodity.__date)
```

针对创建的类 Commodity 实施以下各项操作。

（1）直接使用类名称访问类的公有属性。

直接使用类名称访问类的公有属性的代码如下。

```python
print("商品编号："+Commodity.commodityCode)
print("商品名称："+Commodity.commodityName)
print("价    格："+"{:.2f}".format(Commodity.commodityPrice))
print("生产日期："+Commodity.produceDate)
```

其运行结果如图 6-3 所示。

```
商品编号：100009177374
商品名称:华为Mate 30 Pro 5G
价　　格：6899.00
生产日期：2020/1/18
```

图6-3　运行结果（1）

（2）使用类的实例名称访问类的公有属性。

使用类的实例名称访问类的公有属性的代码如下。

```
goods=Commodity()
print("商品编号："+goods.commodityCode)
print("商品名称："+goods.commodityName)
print("价　　格："+"{:.2f}".format(goods.commodityPrice))
print("生产日期："+goods.produceDate)
```

其运行结果如图 6-3 所示。

（3）调用类的实例方法输出类的公有属性。

调用类的实例方法输出类的公有属性的代码如下。

```
goods.printCommodityPublic()
```

其运行结果如图 6-3 所示。

（4）通过类名称或类的实例名称访问类的私有属性。

在类外部通过类名称或类的实例名称不能直接访问类的私有属性，使用以下代码访问类的私有属性会出现异常信息，代码以及对应的异常信息见以下注释。

```
#AttributeError: type object 'Commodity' has no attribute '__code'
#print("商品编号："+Commodity.__code)
#AttributeError: type object 'Commodity' has no attribute '__name'
#print("商品名称："+Commodity.__name)
#AttributeError: 'Commodity' object has no attribute '__price'
#print("价　　格："+"{:.2f}".format(goods.__price))
#print("生产日期："+goods.__date)
#AttributeError: 'Commodity' object has no attribute '__date'
print("类的私有属性无法使用类名称与类的实例名称进行访问")
```

（5）调用类的实例方法输出类的私有属性。

调用类的实例方法输出类的私有属性的代码如下。

```
goods.printLine()
goods.printCommodityPrivate()
Commodity.printLine(goods)
```

其运行结果如下。

```
----------------------------------------------------------------
商品编号：65559628242
商品名称:海信（Hisense）100L7
价　　格：79999.00
生产日期：2020/1/6
----------------------------------------------------------------
```

【注意】最后一行语句 Commodity.printLine(goods) 比较特殊，通过类名称调用类的实例方法，需要将实例名称 goods 作为参数值传递给类方法 printLine() 的 self 参数。

【任务6-2】修改与访问类属性、创建实例属性

【任务描述】

（1）在项目"Unit06"中创建 Python 程序文件"t6-2.py"。

（2）创建类 Commodity 并定义其属性和方法。

（3）创建类对象 goods1 和 goods2。

（4）通过类名称 Commodity 调用类的实例方法，输出类初始定义的公有属性。

（5）使用类名称 Commodity 修改类的公有属性，代码如下所示。

```
Commodity.commodityCode="12563157"
Commodity.commodityName=" 给 Python 点颜色 青少年学编程 "
Commodity.commodityPrice=59.80
Commodity.produceDate="2019/9/1"
```

（6）直接使用类名称 Commodity 输出类修改之后的公有属性。

（7）使用类实例名称 goods1 输出类修改之后的公有属性。

（8）使用类实例名称 goods2 输出类修改之后的公有属性。

（9）通过类名称 Commodity 调用类的实例方法，输出类修改之后的公有属性。

（10）通过类实例名称 goods1 调用类的实例方法，输出类修改之后的公有属性。

（11）第 2 次修改类的公有属性，代码如下所示。

```
goods1.commodityCode="4939815"
goods1.commodityName=" 格力 KFR-72LW/NhIbB1W"
goods1.commodityPrice=9149.00
goods1.produceDate="2019/8/8"
```

（12）直接使用类名称 Commodity 输出类第 2 次修改之后的公有属性。

（13）使用类实例名称 goods1 输出类第 2 次修改之后的公有属性。

（14）使用类实例名称 goods2 输出类第 2 次修改之后的公有属性。

（15）通过类名称 Commodity 调用类的实例方法，输出类第 2 次修改之后的公有属性。

（16）分别通过类实例名称 goods1、goods2 调用类的实例方法，输出类第 2 次修改之后的公有属性。

【任务实施】

在 PyCharm 项目"Unit06"中，新建 Python 程序文件"t6-2.py"，在该程序文件"t6-2.py"的代码编辑区域中创建类 Commodity 并定义其属性和方法的代码详见"t6-1.py"对应的代码。

```
class Commodity:
    #定义类的公有属性，公有属性在类外部可以直接访问
    commodityCode="100009177374"          #定义公有类属性：商品编号
    commodityName=" 华为 Mate 30 Pro 5G"   #定义公有类属性：商品名称
    commodityPrice=6899.00                #定义公有类属性：价格
    produceDate="2020/1/18"               #定义公有类属性：生产日期

    #定义类的私有属性，私有属性在类外部无法直接访问
    __code="65559628242"
    __name=" 海信（Hisense）100L7"
```

```
        __price=79999.00
        __date="2020/1/6"

    def printLine(self):
        print("-----------------------------------------------------")

    def printCommodityPublic(self):
        print("商品编号：" + self.commodityCode)
        print("商品名称：" + self.commodityName)
        print("价    格：" + "{:.2f}".format(self.commodityPrice))
        print("生产日期：" + self.produceDate)

    def printCommodityPrivate(self):
        print("商品编号：" + self.__code)
        print("商品名称：" + self.__name)
        print("价    格：" + "{:.2f}".format(self.__price))
        print("生产日期：" + self.__date)
```

针对创建的类 Commodity 进行类属性、实例属性的修改与访问。

（1）创建类对象。

创建两个类对象 goods1 和 goods2 的代码如下。

```
goods1=Commodity()
goods2=Commodity()
```

（2）通过类名称 Commodity 调用类的实例方法，输出类初始定义的公有属性。

对应代码如下。

```
Commodity.printCommodityPublic(goods1)
```

其运行结果如图 6-3 所示。

（3）使用类名称 Commodity 修改类的公有属性。

对应代码如下。

```
Commodity.commodityCode="12563157"
Commodity.commodityName=" 给 Python 点颜色 青少年学编程 "
Commodity.commodityPrice=59.80
Commodity.produceDate="2019/9/1"
```

（4）直接使用类名称 Commodity 输出类修改之后的公有属性。

对应代码如下。

```
print(" 商品编号：" +Commodity.commodityCode)
print(" 商品名称：" +Commodity.commodityName)
print(" 价    格：" +"{:.2f}".format(Commodity.commodityPrice))
print(" 生产日期：" +Commodity.produceDate)
```

其运行结果如图 6-4 所示。

商品编号：12563157
商品名称：给Python点颜色 青少年学编程
价   格：59.80
生产日期：2019/9/1

图6-4 运行结果（2）

（5）使用类实例名称 goods1 输出类修改之后的公有属性。

对应代码如下。

```
print("商品编号:"+goods1.commodityCode)
print("商品名称:"+goods1.commodityName)
print("价    格:"+"{:.2f}".format(goods1.commodityPrice))
print("生产日期:"+goods1.produceDate)
```

其运行结果如图 6-4 所示。

（6）使用类实例名称 goods2 输出类修改之后的公有属性。

对应代码如下。

```
print("商品编号:"+goods2.commodityCode)
print("商品名称:"+goods2.commodityName)
print("价    格:"+"{:.2f}".format(goods2.commodityPrice))
print("生产日期:"+goods2.produceDate)
```

其运行结果如图 6-4 所示。

（7）通过类名称 Commodity 调用类的实例方法，输出类修改之后的公有属性。

对应代码如下。

```
Commodity.printCommodityPublic(goods1)
```

其运行结果如图 6-4 所示。

（8）通过类实例名称 goods1 调用类的实例方法，输出类修改之后的公有属性。

对应代码如下。

```
goods1.printCommodityPublic()
```

其运行结果如图 6-4 所示。

（9）第 2 次修改类的公有属性。

对应代码如下。

```
goods1.commodityCode="4939815"
goods1.commodityName="格力 KFR-72LW/NhIbB1W"
goods1.commodityPrice=9149.00
goods1.produceDate="2019/8/8"
```

（10）直接使用类名称 Commodity 输出类第 2 次修改之后的公有属性。

对应代码如下。

```
print("商品编号:"+Commodity.commodityCode)
print("商品名称:"+Commodity.commodityName)
print("价    格:"+"{:.2f}".format(Commodity.commodityPrice))
print("生产日期:"+Commodity.produceDate)
```

其运行结果如图 6-4 所示。

（11）使用类实例名称 goods1 输出类第 2 次修改之后的公有属性。

对应代码如下。

```
print("商品编号:"+goods1.commodityCode)
print("商品名称:"+goods1.commodityName)
print("价    格:"+"{:.2f}".format(goods1.commodityPrice))
print("生产日期:"+goods1.produceDate)
```

其运行结果如图 6-5 所示。

```
商品编号：4939815
商品名称：格力KFR-72LW/NhIbB1W
价　　格：9149.00
生产日期：2019/8/8
```

图6-5　运行结果（3）

（12）使用类实例名称goods2输出类第2次修改之后的公有属性。

对应代码如下。

```
print("商品编号："+goods2.commodityCode)
print("商品名称："+goods2.commodityName)
print("价　　格："+"{:.2f}".format(goods2.commodityPrice))
print("生产日期："+goods2.produceDate)
```

其运行结果如图6-4所示。

（13）通过类名称Commodity调用类的实例方法，输出类第2次修改之后的公有属性。

对应代码如下。

```
Commodity.printCommodityPublic(goods1)
```

其运行结果如图6-5所示。

对应代码如下。

```
Commodity.printCommodityPublic(goods2)
```

其运行结果如图6-4所示。

（14）分别通过类实例名称goods1、goods2调用类的实例方法，输出类第2次修改之后的公有属性。

对应代码如下。

```
goods1.printCommodityPublic()
```

其运行结果如图6-5所示。

对应代码如下。

```
goods2.printCommodityPublic()
```

其运行结果如图6-4所示。

【任务6-3】定义与访问类的实例方法

【任务描述】

（1）在项目"Unit06"中创建Python程序文件"t6-3.py"。

（2）在程序文件"t6-3.py"中创建类对象goods。

（3）在程序文件"t6-3.py"中调用多个类的实例方法，输出所需数据。

【任务实施】

在PyCharm项目"Unit06"中创建Python程序文件"t6-3.py"。在程序文件"t6-3.py"中编写代码，实现所需功能。创建类Commodity并定义私有属性、实例方法的代码如下所示。

```
class Commodity:
    #定义类的私有属性，私有属性在类外部无法直接访问
```

```
        __code="100009177374"
        __name=" 华为 Mate 30 Pro 5G"
        __price=6899.00
        __date="2020/1/18"

        # 定义实例方法
        def getCode(self):
            return self.__code

        def getName(self):
            return self.__name

        def getPrice(self):
            return self.__price

        def getDate(self):
            return self.__date

        def printLine(self):
            print("----------------------------------------------------------")
        # 输出字段名
        def printField(self):
            print("{:^9s}".format(" 商品编号 "), end="")
            print("{:^20s}".format(" 商品名称 "), end="")
            print("{:^8s}".format(" 价格 "), end="")
            print("{:^9s}".format(" 生产日期 "))
```

针对创建的类 Commodity 实施以下各项操作。

（1）创建类对象 goods。

创建一个类对象 goods，代码如下。

```
goods=Commodity()
```

（2）调用多个类的实例方法，输出所需数据。

调用多个类的实例方法，输出所需数据的代码如下。

```
goods.printLine()
# 使用类的实例方法输出商品数据
goods.printField()
print("{:^10s}".format(goods.getCode()),"{:^21s}".format(goods.getName()),end="")
print("{:^10.2f}".format(goods.getPrice()),"{:^7s}".format(goods.getDate()))
goods.printLine()
```

程序文件 "t6-3.py" 的运行结果如图 6-6 所示。

```
--------------------------------------------------
  商品编号        商品名称         价格      生产日期
100009177374  华为Mate 30 Pro 5G  6899.00  2020/1/18
--------------------------------------------------
```

图6-6 程序文件"t6-3.py"的运行结果

6.4 类的构造方法与析构方法

在面向对象程序设计中进行类实例化时，往往要对实例做一些初始化工作，例如设置实例属性的初始值等，而这些工作是自动完成的，因此会调用默认的方法，这个默认的方法就是构造方法，与之相对的是析构方法。

6.4.1　类的构造方法

在 Python 中，类有一个名为 "__init__" 的特殊方法，称为构造方法，该方法在类实例化时会自动调用，不需要显式调用。

【说明】"__init__" 是 Python 默认的方法名称，其开头和结尾处是两个下划线（下划线中间没有空格）。

在创建类时，类通常会自动创建一个 __init__() 方法，每当创建一个新的类实例时，如果用户没有重新定义构造方法，则系统自动执行默认的构造方法 __init__()，进行一些初始化操作。对于如下代码，实例化类 Person 时，对应的 __init__() 方法就会被调用。

```
man = Person ()
```

当然，__init__() 方法可以有参数，参数通过 __init__() 传递到类的实例化操作上。

__init__(self,…) 方法必须包含一个 self 参数，并且该参数必须是第 1 个参数。self 参数是一个指向实例本身的引用，用于访问类中的属性和方法，在调用 __init__(self,…) 方法时自动传递参数 self。

当 __init__() 方法只有一个参数时，创建类的实例就不需要指定实际参数了。系统自动调用 __init__() 方法，并将类实例本身作为参数向该方法传递。

在 __init__() 方法中，除了 self 参数外，也可以自定义其他参数，参数之间使用半角逗号 "," 进行分隔。如果该方法包含一个以上的参数，创建类的实例时，必须指定实际参数，例如 man = Person(" 李明 "," 男 ",19)。调用包含一个以上参数的 __init__() 方法时，将类实例对象本身作为第 1 个参数向该方法传递，显式传递的实参值会传递给该方法第 1 个参数之后的各个参数。

【实例 6-4】演示 Python 类的构造方法定义

实例 6-4 的代码如下所示。

```
class Person:
    # 定义类属性
    __name = ""
    __sex = ""
    __age = 0
    # 定义构造方法
    def __init__(self,name1,sex1,age1):
        self.__name = name1
        self.__sex = sex1
        self.__age = age1
    def printInfo(self):
        print("姓名：",self.__name)
        print("性别：",self.__sex)
        print("年龄：",self.__age)
man = Person(" 李明 "," 男 ",19)
man.printInfo()
```

实例 6-4 代码的运行结果如下。

```
姓名：李明
性别：男
年龄：19
```

构造方法 __init__() 在创建实例对象时自动调用，可以在这个方法中为实例对象初始化属性。

在子类中定义 __init__() 方法时，不会自动调用父类的 __init__() 方法，如果在子类中使用父类的 __init__() 方法，必须要进行初始化，即需要在子类中使父类名称或者 supper() 函数显式调用父类的 __init__() 方法。

在子类中显式调用 __init__() 方法的基本语法格式如下。

```
形式一：父类名称.__init__( self [ , 参数列表 ] )。
形式二：supper().__init__( self [ , 参数列表 ] )。
```

【注意】调用父类的 __init__() 方法时，第 1 个参数必须为 self，其他实参值排在 self 参数右边，并使用半角逗号 "," 进行分隔。

6.4.2 类的析构方法

在 Python 中，析构方法的基本语法格式为：__del__(self)。在释放对象时系统自动调用该方法，不需要显式调用，可以在该方法中编写代码，进行一些释放资源的操作。

6.5 类的继承与方法重写

继承是面向对象程序设计最重要的特性之一，在程序设计中实现继承，表示相应类拥有它继承的父类的所有公有成员或者受保护成员。在面向对象程序设计中，被继承的类称为父类，新的类称为子类或派生类。

通过继承不仅可以实现代码的重用，还可以管理类与类之间的关系。继承是实现代码重复利用的重要手段，子类通过继承可以复用父类的属性和方法，还可以添加子类特有的属性和方法。

6.5.1 类的继承

在 Python 的类定义语句中，可以在类名称右侧添加一对小括号 "()"，将要继承的父类名称括起来，从而实现类的继承。

1. 单一继承

Python 支持类的继承，子类的定义如下所示。

```
class DerivedClassName( ParentClassName ):
    <类体>
```

其中，DerivedClassName 用于指定子类名称；ParentClassName 用于指定要继承的父类名称，可以有多个，对于单一继承只有一个。如果不指定父类名称，则继承 Python 的基类 object。类体为实现所需功能的代码，包括属性、方法的定义，如果定义类时暂时无须编写代码，可以直接使用 pass 语句代替。

父类 ParentClassName 必须与子类定义在一个作用域内。

【实例 6-5】演示 Python 类和单一继承子类的定义

实例 6-5 的代码如下所示。

```python
class Person:
    name = "李明"
    sex="男"
class Student(Person):
    grade = 95
man = Person()   # 实例化父类
print("父类 Person 的属性 name 值为：", man.name)
print("父类 Person 的属性 sex 值为：", man.sex)
student = Student()   # 实例化子类
print("子类 Student 的属性 name 值为：", student.name)
print("子类 Student 的属性 sex 值为：", student.sex)
print("子类 Student 的属性 grade 值为：", student.grade)
```

实例 6-5 代码的运行结果如下。

```
父类 Person 的属性 name 值为：李明
父类 Person 的属性 sex 值为：男
子类 Student 的属性 name 值为：李明
子类 Student 的属性 sex 值为：男
子类 Student 的属性 grade 值为：95
```

实例 6-5 中首先定义一个 Person 类，该类有两个属性：name、sex。然后定义一个子类 Student，子类 Student 从类 Person 继承属性和方法，同时有自己的属性 grade，这样子类 Student 就有 3 个属性：name、sex、grade。Person 类称为 Student 类的父类，Student 类称为 Person 类的子类，即 Person 类派生出 Student 类，Student 类继承自 Person 类。

2. 多重继承

Python 在一定程序上支持多继承形式。多继承的类定义基本语法格式如下。

```python
class DerivedClassName( ParentClassName1, ParentClassName2,… ):
    <statement>
```

其中，DerivedClassName 用于指定子类名称，ParentClassName1、ParentClassName2……则表示继承的多个父类名称，使用半角逗号"，"分隔。

需要注意小括号中父类的顺序，若父类中有相同的方法名，而子类在使用时未指定继承自哪个父类，Python 将从左至右搜索括号中的父类。

6.5.2　方法继承

子类可以继承父类的实例方法，也可以增加自己的实例方法。子类对象可以直接调用父类的实例方法，调用的基本语法格式如下。

```
子类名称 . 父类方法名称 ( [参数列表] )
例如 member.printTest().
```

6.5.3　方法重写

父类的成员都会被子类继承，如果程序中的父类方法的功能不能满足需求，可以在子类重写父类中的同名方法，子类可以覆盖父类中的任何方法，子类的方法中也可以调用父类中的同名方法。

6.6 Python 3 的命名空间和作用域

在理解 Python 的命名空间和作用域前，先看一下计算机中的多个磁盘、多个文件夹与多个文件的存储关系。

计算机中可以有多个硬盘，同一个硬盘中可以有多个逻辑分区（即磁盘），同一个磁盘中可以有多个文件夹，同一个文件夹中可以有多个文件。并且同一个磁盘中不能出现重名的文件夹，同一文件夹中不能出现重名的文件，但不同磁盘或不同文件夹中的文件可以重名。

在图 6-7 中，计算机硬盘中有两个磁盘，分别命名为 E 盘和 F 盘，E 盘中创建了两个不同名称的文件夹"x"和"y"，F 盘中也创建了一个文件夹"x"，由于文件夹"x"位于不同磁盘，重名是允许的。E 盘文件夹"x"中创建了文件"x01.txt"和文件"02.txt"，E 盘文件夹"y"中创建了文件"y01.txt"和文件"02.txt"，由于文件"02.txt"存储在不同的文件夹中，同名是允许的。F 盘创建了文件"x01.txt"和文件"y01.txt"，显然，E 盘文件夹"x"与 F 盘文件夹"x"中出现了同名文件"x01.txt"，E 盘文件夹"y"与 F 盘文件夹"x"中也出现了同名文件"y01.txt"，由于它们存储在不同磁盘的不同文件夹中，同名也是允许的。

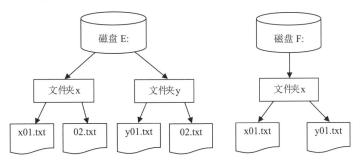

图6-7 计算机中的磁盘、文件夹与文件的存储关系

Python 的命名空间提供了在项目中避免名称冲突的一种方法。各个命名空间是独立的，没有任何关系，所以虽然一个命名空间中不能有重名，但不同的命名空间是可以有重名的。

Python 的命名空间结构主要由包、模块、类、函数、方法、属性、变量组成，相同的对象名称可以存在于多个命名空间中。一个 Python 项目中可以定义多个包，并且包名要不同，例如"package01""package02"；一个包中可创建多个模块，同一个包中的多个模块名称要不同，不同包的模块可以重名；一个模块中可以定义多个类、函数、变量，同一个包的同一个模块中定义的类、函数、变量的名称要不同，不同的包或同一个包的不同模块中定义的类、函数、变量可以重名；一个类中可以定义多个属性、方法，同一个类中的多个属性、方法名称要不同，不同名称的类或不同级别的类（父类与子类）中定义的属性、方法可以重名；一个函数中可以定义多个变量，同一个函数中的多个变量名称要不同，不同函数中定义的变量可以重名。Python 的命名空间结构如图 6-8 所示。

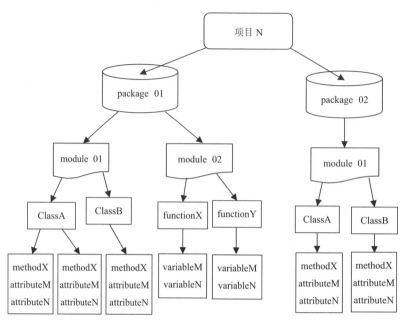

图6-8　Python的命名空间结构

1. 3种命名空间

Python 主要有如下 3 种命名空间。

（1）内置命名空间（Built-in Namespace）。

Python 内置的名称，例如函数名 abs、char 和异常名称 BaseException、Exception 等。

（2）全局命名空间（Global Namespace）。

全局名称指模块中定义的名称，记录了模块级变量，包括函数、类、其他导入的模块级的变量和常量。

（3）局部命名空间（Local Namespace）。

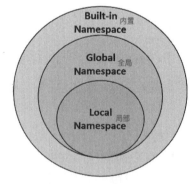

局部名称指函数中定义的名称，记录了函数级变量，包括函数的参数和局部定义的变量。类内以及类的方法中定义的名称也属于局部名称。

3 种命名空间的作用域示意图如图 6-9 所示。

2. 命名空间的查找顺序

假设要使用变量 var，则 Python 的查找顺序为：局部命名空间→全局命名空间→内置命名空间。

如果找不到变量 var，它将放弃查找并引发 NameError
异常。运行结果如下。

图6-9　3种命名空间的作用域示意图

```
NameError: name 'var' is not defined
```

3. 命名空间的生命周期

命名空间的生命周期取决于对象的作用域，如果对象执行完成，则相应命名空间的生命周期结束。因此，我们无法从外部命名空间访问内部命名空间的对象。示例如下。

```
#var1 是全局名称
var1 = 5
def local_func():
    #var2是局部名称
    var2 = 6
    def inner_func():
        # var3是内置的局部名称
        var3 = 7
```

4. 作用域

作用域就是一个 Python 程序可以直接访问命名空间的区域。在一个 Python 程序中直接访问一个变量，会从内到外依次访问所有的作用域直到找到相应变量，否则会提示未定义错误。

在 Python 中，程序的变量并不是在任何位置都可以访问的，访问权限取决于这个变量是在哪里赋值的。变量的作用域决定了哪一部分程序可以访问哪些特定的变量。Python 的作用域一共有 4 种，具体如下。

（1）局部作用域（L，Local）：最内层，包含局部变量，例如一个函数或方法内部。

（2）闭包函数外的函数（E，Enclosing）：包含非局部（Non-Local）、非全局（Non-Global）的变量；例如两个嵌套函数，一个函数（或类）A 里面又包含一个函数 B，那么对于 B 中的名称来说 A 的作用域就为 Non-Local。

（3）全局作用域（G，Global）：当前程序的最外层，例如当前模块的全局变量。

（4）内置作用域（B，Built-in）：包含内置的变量、关键字等，最后才被搜索。

Python 查找的规则顺序为：L → E → G → B。即在局部作用域找不到，便会去局部作用域外的局部找（例如闭包函数外的函数），如果没找到就会去全局作用域查找，最后去内置作用域中查找。

示例如下。

```
g_count = 1            # 全局作用域
def outer():
    o_count = 2        # 闭包函数外的函数中
    def inner():
        i_count = 3    # 局部作用域
```

内置作用域是通过一个名为 builtins 的标准模块来实现的，但是这个变量名并没有放入内置作用域内，所以必须导入这个模块才能够使用它。在 Python 3.0 中，可以使用以下的代码来查看 builtins 模块中预定义了哪些变量。

```
>>>import builtins
>>>dir(builtins)
```

在 Python 中，只有模块、类以及函数才会引入新的作用域，其他的代码块（例如 try…except、if…elif…else、for…while 等）是不会引入新的作用域的，也就是说这些语句内定义的变量，在其外部也可以访问，示例代码如下。

```
>>>if True:
    msg = 'I wish you good health.'
>>> msg
'I wish you good health.'
```

以上代码中 msg 变量定义在 if 语句块中，但在其外部也可以访问 msg 变量。

如果将 msg 定义在函数中，则它就是局部变量，在其外部不能访问，示例如下。

```
>>>def printInfo():
    msg_inner = 'I wish you good health.'
>>>msg_inner
```

运行以上代码时会出现如下异常信息。

```
Traceback (most recent call last):
  File "<stdin>", line 1, in <module>
NameError: name 'msg_inner' is not defined
```

从以上异常信息可以看出，msg_inner 未定义，无法使用，因为它是局部变量，只有在函数内可以使用。

5. 全局变量和局部变量

定义在函数内部的变量拥有局部作用域，定义在函数外的变量拥有全局作用域。

局部变量只能在其被定义的函数内部访问，而全局变量可以在整个程序范围内访问。调用函数时，所有在函数内定义的变量名称都将被加入作用域中。

【实例 6-6】演示 Python 的全局变量和局部变量的定义与使用

实例 6-6 的代码如下所示。

```
amount = 0 # 这是一个全局变量
def calculateAmount(quantity, price):
    #返回两个参数的和
    amount = quantity * price  #amount 在这里是局部变量
    print("函数内是局部变量：", amount)
    return amount
# 调用 calculateAmount() 函数
calculateAmount(10, 2.6)
print("函数外是全局变量：", amount)
```

实例 6-6 代码的运行结果如下。

```
函数内是局部变量：26.0
函数外是全局变量： 0
```

6. 关键字 global 和 nonlocal

当在内部作用域想修改外部作用域的变量时，就要用到 global 关键字。在函数内部，既可以使用 global 关键字来声明使用外部全局变量，也可以使用 global 关键字直接定义全局变量。

【实例 6-7】演示在函数内定义与修改全局变量 num

实例 6-7 的代码如下所示。

```
def fun1():
    global num  #需要使用 global 关键字定义
    num = 2
    print("函数内部1：",num)
    num = 5
    print("函数内部2：",num)
fun1()
print("函数外部1：",num)
num = 8
print("函数外部2：",num)
```

实例 6-7 代码的运行结果如下。

```
函数内部1: 2
```

```
函数内部2：5
函数外部1：5
函数外部2：8
```

如果要修改 Enclosing 作用域中的变量则需要 nonlocal 关键字。

1. 类成员的访问限制

类成员的访问位置一般有 3 处：类内部的方法外、类内部的方法内、类外部。

类成员的访问方式一般有 3 种：类名称、类实例名称、类实例名称_类名称。

在类的内部可以定义属性和方法，而在类的外部则可以直接调用属性和方法来操作数据，从而隐藏类内部的复杂逻辑。在类外部通过类名称或实例名称都可以直接访问类的公有属性。为了保证类内部的某些属性和方法不被类外部随意访问或修改，可以在属性或方法名前面添加单下划线、双下划线或首尾都加双下划线，从而限制其访问权限。

在 Python 中，并没有像 C#、Java 那样使用 public、protected、private 这些关键字来明确限制公有属性、保护属性和私有属性，而是通过属性命名方式来区分。

（1）首尾加双下划线表示定义特殊方法，一般是 Python 系统本身定义的名称，例如 __init__()。

（2）以单下划线开头的表示保护（protected）类型的成员，例如 _testProtectedAttribute，保护类成员只允许类本身和子类进行访问，即类内部的方法外或方法内部、类外部的实例都允许访问，但不能使用"from module import *"语句导入，也就是不能跨模块访问保护类成员。

（3）以双下划线开头的表示私有（private）类型的成员，只允许定义私有成员的类本身进行访问，而且也不能通过类的实例进行访问，但是可以通过"类实例名称 __ 类名称"的方式进行访问。

例如在类中定义了 __age 类属性，属性 __age 的名称以两个下划线开头，表明该属性为类的私有属性，该属性不能在类的外部直接访问或使用。但在类内部可以访问，在类内部的方法中使用私有属性时的基本语法格式为 Person.__age 或 self.__code。

2. Python 类的专有属性与方法

Python 类有多个专有属性与方法，如表 6-3 所示。

表6-3　　　　　　　　　　Python类的专有属性方法

序号	属性或方法名称	说明
1	__init__	构造方法，在初始化对象时调用
2	__del__	析构方法，在释放对象时使用
3	__name__	类、函数、方法等的名称
4	__module__	类定义所在的模块名称
5	__class__	对象或类所属的类名称，用于返回基类名称
6	__bases__	类的基类元组，其顺序为在基类列表中出现的顺序
7	__doc__	类、函数的文档字符串，如果没有定义则为 None

续表

序号	属性或方法名称	说明
8	__mro__	类的 mro 返回的结果保存在 __mro__ 中
9	__dict__	类或实例属性
10	__dir__	用于返回类或者对象的所有成员名称列表，dir() 函数会调用 __dir__()，如果提供 __dir__()，则返回属性的列表，否则会尽量从 __dict__ 属性中收集信息
11	__hash__	内置函数 hash() 调用的返回值，返回一个整数

3. 类的只读属性

这里介绍的属性与 6.2 节介绍的类属性和实例属性不同，是一种特殊的属性，访问该属性时将计算它的值。另外，该属性还可以为属性添加安全保护机制。

（1）使用 @property 创建类的只读属性。

在 Python 中，可以通过 @property（装饰器）将一个方法转换为只读属性，从而实现专用于计算的属性。将方法转换为只读属性后，可以直接通过方法名称来访问它，而不需要再添加一对小括号 "()"，这样可以让代码更加简洁。

通过 @property 创建只读属性的基本语法格式如下。

```
@property
def methodName( self ):
    <方法体>
```

其中，methodName 表示方法名称，一般使用小写字母开头，该名称将作为创建的只读属性名称；self 为必要参数，表示类的实例；方法体的代码用于实现所需功能，在方法体中，通常以 return 语句结束，用于返回方法的计算结果。

（2）为属性添加安全保护机制。

在 Python 中，默认情况下，创建的类属性或类实例是可以在类外进行修改的，如果想要限制其不能在类外修改，可以将其设置为私有的，但设置为私有后，在类外也不能获取它的值。如果想要创建一个可以读取，但不能修改的属性，可以使用 @property 定义只读属性。

单元测试

1. 选择题

（1）以下不属于面向对象的特征的是（　　　）。

　　A. 封装　　　　　　B. 继承　　　　　C. 多态　　　　　　D. 复合

（2）现有类定义如下。

```
class  Test():
    pass
```

下面说法正确的是（　　　）。

　　A. 该类实例中包含 __dir__() 方法

　　B. 该类实例中包含 __hash__() 方法

　　C. 该类实例中只包含 __dir__()，不包含 __hash__()

　　D. 该类没有定义任何方法，所以该实例中没有包含任何方法

（3）实现以下的（　　　）方法可以让对象像函数一样被调用。

  A．str()   B．iter()   C．call()   D．next()

（4）现有类定义如下。

```
class Show:
    def showInfo(self):
        print(self.x)
```

下面描述正确的是（　　　）。

  A．该类不可以实例化

  B．该类可以实例化，但不能通过对象正常调用 showInfo()

  C．在 PyCharm 中该类实例化运行时会出现语法错误"'Show' object has no attribute 'x'"

  D．该类可以实例化，并且能通过对象正常调用 showInfo()

（5）关于 Python 类说法错误的是（　　　）。

  A．类的实例方法必须在创建对象后才可以调用

  B．类的实例方法必须在创建对象前才可以调用

  C．类方法可以使用对象名和类名来调用

  D．类的静态属性可以用类名和对象名来调用

（6）现有类定义如下。

```
class Show:
    def __init__(self,name):
        self.name=name
    def showInfo(self):
        print(self.name)
```

下面代码能正常执行的是（　　　）。

  A．h = Show   B．h = Show()

    h.showInfo()   h.showInfo(" 张三 ")

  C．h = Show(" 张三 ")   D．h = Show('admin ')

    h.showInfo()   showInfo

（7）现有如下程序。

```
class A():
    def a(self):
        print("a")
class B():
    def b(self):
        print("b")
class C():
    def c(self):
        print("c")
class D(A, C):
    def d(self):
        print("d")
d= D()
d.a()
d.c()
d.d()
```

程序执行的结果是（　　　）。

  A．d   B．a,d   C．d a   D．a c d

（8）在类外部访问类内定义的类属性，有效的访问形式有（　　　）。

    A. 属性名称

    B. 类名称 . 属性名称

    C. self. 属性名称

    D. 类实例名称 . 属性名称

（9）以下关于类属性的描述，正确的是（　　　）。

    A. 类属性是在类中定义在方法之外的变量

    B. 类属性是所有实例化对象公用的，可以通过类名称或实例名称访问类属性

    C. 类属性只能通过实例名称访问，不能通过类名称访问

    D. 类属性通常在类的 __init__() 方法内部定义

（10）以下关于实例属性的描述，正确的是（　　　）。

    A. 实例属性是所有实例化对象公用的，可以通过类名称或实例名称访问类属性

    B. 由于实例属性的优先级比类属性高，相同名称的实例属性将屏蔽掉类属性

    C. 实例属性只属于类的实例，只能通过实例名称访问

    D. 实例属性是指定义在方法内部的属性

2. 填空题

（1）Python 使用＿＿＿＿关键字来定义类。

（2）Python 内置异常类的基类是＿＿＿＿。

（3）在 Python 中，不论类的名字是什么，构造方法的名字都是＿＿＿＿。

（4）在 Python 类的内部，使用 def 关键字可以定义属于类的方法，这种方法需要使用＿＿＿＿来修饰。

（5）在 Python 类的内部，还可以定义静态方法，这种静态方法需要使用＿＿＿＿来修饰。

（6）在 Python 中，类有一个名为"＿＿＿＿"的特殊方法，称为构造方法，该方法在类实例化时会自动调用，不需要显式调用。

（7）在内部作用域想修改外部作用域的变量时，需要使用关键字＿＿＿＿。

（8）在函数内部可以通过关键字＿＿＿＿来定义全局变量。

3. 判断题

（1）继承自 threading.Thread 类的子类中不能有普通的成员方法。（　　）

（2）Python 中的一切内容都可以称为对象。（　　）

（3）在一个软件的设计与开发中，所有类名、函数名、变量名都应该遵循统一的风格和规范。（　　）

（4）定义类时所有实例方法的第一个参数都用来表示对象本身，在类的外部通过对象名来调用实例方法时不需要为该参数传值。（　　）

（5）在面向对象程序设计中，函数和方法是完全一样的，都必须为所有参数传值。（　　）

（6）Python 中没有严格意义上的私有成员。（　　）

（7）Python 支持多继承，如果父类中有相同的方法名，而在子类中调用时没有指定父类名，则 Python 解释器将从左向右按顺序进行搜索。 （ ）

（8）在 Python 中定义类时实例方法的第一个参数名称必须是 self。 （ ）

（9）在 Python 中定义类时实例方法的第一个参数名称不管是什么，都表示对象自身。
（ ）

（10）Python 类不支持多继承。 （ ）

（11）在 Python 中函数和类都属于可调用对象。 （ ）

（12）在函数内部没有办法定义全局变量。 （ ）

（13）在同一个作用域内，局部变量会覆盖同名的全局变量。 （ ）

单元7

文件操作与异常处理

程序中的变量、序列以及类中存储的数据是临时的，程序运行结束后就会丢失，为了能够长时间地保存程序中的数据，需要将程序中的数据保存到磁盘文件中。Python提供了对文件夹、文件进行操作的内置模块。本单元主要学习文件、文件夹操作以及异常处理。

知识入门

1. Windows 操作系统中的路径

在程序开发中，路径是指用于定位一个文件夹或文件的字符串，通常包括两种路径：相对路径和绝对路径。在 Python 中，对文件夹和文件进行操作主要使用 os 模块和 os.path 模块中提供的方法。

（1）当前工作文件夹。

当前工作文件夹是指当前运行文件或打开的文件所在的文件夹，在 Python 中，通过 os 模块提供的 getcwd() 方法获取当前工作文件夹。

在 "D:\PycharmProject\Test07\test7-1.py" 文件中，编写以下代码。

```
import os
print(os.getcwd())   #输出当前工作文件夹
```

运行结果如下。

```
D:\PycharmProject\Test07
```

显示的文件夹为当前工作文件夹。

（2）相对路径。

所谓相对路径是指相对于当前工作文件夹的路径，如果访问的文件位于当前工作文件夹中，则使用该文件名称即可，如果访问的文件位于当前工作文件夹的下级子文件夹中，则相对路径的起始文件夹为当前工作文件夹的第 1 级子文件夹。

例如，在当前工作文件夹 "D:\PycharmProject\Test07" 中，有一个名称为 "message.txt" 的文本文件，在打开这个文本文件时，直接写文件名称 "message.txt" 即可，该文本文件的实际路径就是当前工作文件夹 "D:\PycharmProject\Test07" + 相对路径 "message.txt"，即完整路径为 "D:\PycharmProject\Test07\message.txt"。

如果文本文件"message.txt"位于当前工作文件夹的第1级子文件夹"demo"中，那么相对路径为"demo\message.txt"。

在Python中，打开文本文件"message.txt"有如下几种方式。

① "demo\\message.txt"的形式。

在Python中指定路径时，需要对路径分隔符"\"进行转义，即将路径中的"\"替换为"\\"，例如相对路径"demo\message.txt"需要使用"demo\\message.txt"代替。

示例如下。

```
>>>file=open("demo\\message.txt")
>>>file.close()
```

【注意】在Windows命令提示符窗口中，将当前工作文件夹设置为"D:\Pycharm Project\Test07"。

② "demo/message.txt"的形式。

在Python中，指定路径时允许将路径分隔符"\"用"/"代替。

示例如下。

```
>>>file=open("demo/message.txt")
>>>file.close()
```

③ r"demo\message.txt"的形式。

在Python中，指定路径时可以在路径字符串前面加上字母"r"或"R"，使路径字符串原样输出，这时路径中的分隔符"\"就不需要再转义了。

示例如下。

```
>>>file=open(r"demo\message.txt")
>>>file.close()
```

（3）绝对路径。

绝对路径是指在使用文件时指定文件的完整路径，它不依赖于当前工作文件夹。在Python中，可以通过os.path模块提供的abspath()方法获取一个文件的绝对路径。

abspath()方法的基本语法格式如下。

```
os.path.abspath(strPath)
```

其中，strPath表示要获取绝对路径的相对路径，可以是文件，也可以是文件夹。

例如，要获取相对路径"demo\message.txt"的绝对路径，可以使用下面的代码实现。

```
>>>import os
>>>print(os.path.abspath(r"demo\message.txt"))    # 获取绝对路径
```

运行结果如下。

```
D:\PycharmProject\Test07\demo\message.txt
```

（4）拼接路径。

如果想要将两个或者多个路径拼接到一起组成一个新的路径，可以使用os.path模块提供的join()方法实现，这样可以正确处理不同操作系统的路径分隔符。join()方法的基本语法格式如下。

```
os.path.join(path1 [,path2 [,…]] )
```

其中，path1、path2表示待拼接的文件路径，这些路径之间使用半角逗号","进行分隔。

例如，将路径"D:\PycharmProject\Test07"和路径"demo\message.txt"拼接在一

起，可以使用下面的代码实现。

```
>>>import os
>>>print(os.path.join("D:\PycharmProject\Test07","demo\message.txt"))
```

运行结果如下。

```
D:\PycharmProject\Test07\demo\message.txt
```

2. 语法错误

Python 的语法错误是初学者经常碰到的，示例如下。

```
>>>if score<60
    print('成绩不及格')
```

该 if 语句运行时会出现以下错误信息。

```
  File "<stdin>", line 1
    print('成绩不及格')
    ^
IndentationError: unexpected indent
```

出现错误的原因是：函数 print() 前面缺少了一个冒号 ":"。

语法分析器指出了出错的一行，并且在最先找到的错误的位置标记了一个小小的箭头。

3. 异常

在程序运行过程中，经常会遇到各种各样的错误，运行期间检测到的错误统称为"异常"。Python 中常见的异常及说明如表 7-1 所示。

表7-1　　　　　　　　　　　　Python中常见的异常及说明

异常	说明
AttributeError	试图访问一个未知的对象属性引发的异常
IOError	输入输出异常，例如打开的文件不存在引发的异常
ImportError	无法导入模块或包引发的异常，其原因通常是路径或名称错误
IndentationError	缩进错误，代码没有正确对齐
IndexError	索引值超出序列边界引发的异常，例如当列表 x 只有 3 个元素，却试图访问 x[5] 时，会引发此类异常
KeyError	试图访问字典里不存在的键引发的异常
MemoryError	内存不足引发的异常
NameError	尝试使用一个没有声明的变量引发的异常
TypeError	传入对象类型与要求的不符合引发的异常
UnboundLocalError	试图访问一个还未被定义的局部变量引发的异常
ValueError	传入一个错误的值引发的异常
ZeroDivisionError	除数为 0 引发的异常

大多数的异常都不会被程序处理，只会抛出错误信息。示例如下。

```
>>>10 * (1/0)          #除数不能为0，引发异常
```

以上代码运行时会出现以下异常信息。

```
Traceback (most recent call last):
  File "<stdin>", line 1, in <module>
ZeroDivisionError: division by zero
>>>4 +num*3.2    # num 未定义，引发异常
```

以上代码运行时会出现以下异常信息。

```
Traceback (most recent call last):
  File "<stdin>", line 1, in <module>
NameError: name 'num' is not defined
>>>'3' + 2          # int 类型的数据不能与 str 类型的数据相加，引发异常
```

以上代码运行时会出现以下异常信息。

```
Traceback (most recent call last):
  File "<stdin>", line 1, in <module>
TypeError: can only concatenate str (not "int") to str
```

程序运行时出现的异常类型都作为信息的一部分显示出来，例如上面示例中的类型为 ZeroDivisionError、NameError 和 TypeError。

7.1 打开与关闭文件

在 Python 中使用内置文件对象时，首先需要使用内置的 open() 方法打开文件，并创建一个文件对象，然后通过该文件对象的方法进行操作。

7.1.1 使用 open() 方法打开文件

Python 的 open() 方法用于打开一个文件，并返回文件对象，在对文件进行处理的过程中都需要使用这个方法，如果文件无法打开，会抛出 OSError 异常。

【注意】使用 open() 方法时一定要保证文件对象处于关闭状态，可调用 close() 方法将文件关闭。

open() 方法会返回一个 file 对象，open() 方法通常接收两个参数：文件名和模式。

调用该方法的基本语法格式如下。

```
file=open(filename[, mode[, buffering [, encoding=None]]])
```

参数说明如下。

① file：表示要创建的文件对象。

② filename：用于指定包含待打开或创建文件的路径（相对路径或绝对路径）与文件名称字符串，需要使用单引号或双引号引起来。如果待打开的文件和使用 open() 方法的程序文件位于同一个文件夹中，即两个文件的存储位置相同时，可以直接写文件名，不需要指定文件路径，否则需要指定完整路径。

③ mode：可选参数，用于指定打开文件的模式，即描述文件如何使用，如只读、写入、追加等。r 表示打开的文件只读，w 表示文件只用于写入，a 表示在文件末尾追加内容，所写的任何数据都会被自动增加到文件末尾，r+ 表示文件同时用于读写。文件打开模式参数的所有可取值及说明如表 7-2 所示。这个参数是非强制的，默认文件访问模式为只读（即 r）。

表7-2　　　　　　　使用open()方法时文件打开模式参数的所有可取值及说明

模式参数可取值	说明
t	文本文件模式，为默认值，t通常可以省略
w	写模式，新建一个文件，如果该文件已存在则会报错
b	二进制模式，与r/w/a一同使用
+	与r/w/a一同使用，在原功能基础上增加同时读写功能
U	通用换行模式（Python 3不支持）
r/rt	打开一个文件用于只读。文件的指针将会放在文件的开始位置，这是默认文件访问模式。如果要打开的文件存在，则打开后可以顺序读取内容，如果文件不存在则打开失败，返回FileNotFoundError
rb	以二进制格式打开一个文件用于只读，只允许读取数据。这是默认模式，一般用于非文本文件。如果要打开的文件存在，文件指针将会放在文件的开始位置，打开后顺序读取内容；如果文件不存在，则打开失败
r+/rt+	打开一个文件用于读写，打开的文件允许读和写数据。如果要打开的文件存在，打开文件后文件指针将会放在文件的开始位置；如果文件不存在，则打开失败
rb+	以二进制格式打开一个文件用于读写，允许读取和写入数据。如果要打开的文件存在，文件指针将会放在文件的开始位置；如果文件不存在，则打开失败。一般用于非文本文件
w/wt	打开一个文件只用于写入。如果该文件已存在则打开文件，并从文件的开始位置开始编辑，即原有内容会被删除。如果该文件不存在，创建新文件
wb	以二进制格式打开一个文件只用于写入。如果该文件已存在则打开文件，并从文件的开始位置开始编辑，即原有内容会被删除。如果该文件不存在，创建新文件。一般用于非文本文件
w+/wt+	打开一个文件用于读写。如果该文件已存在则打开文件，并从文件的开始位置开始编辑，即原有内容会被删除。如果该文件不存在，创建新文件
wb+	以二进制格式打开一个文件用于读写，允许读取和写入数据。如果该文件已存在则打开文件，并从文件的开始位置开始编辑，即原有内容会被删除。如果该文件不存在，创建新文件。一般用于非文本文件
a/at	打开一个文件用于追加。如果该文件已存在，文件指针将会放在文件的结尾。也就是说，新的内容将会被写入已有内容之后。如果该文件不存在，创建新文件进行写入
ab	以二进制格式打开一个文件用于追加。如果该文件已存在，文件指针将会放在文件的结尾。也就是说，文件中原有内容保持不变，新的内容将会被写入已有内容之后。如果该文件不存在，创建新文件进行写入
a+/at+	打开一个文件用于读写，允许读取和写入数据。文件打开时会是追加模式。如果该文件已存在，文件指针将会放在文件的结尾，也就是说，文件中的原有内容保持不变，新的内容将会被写入已有内容之后。如果该文件不存在，创建新文件用于读写
ab+	以二进制格式打开一个文件用于追加，允许读取和写入数据。如果该文件已存在，文件指针将会放在文件的结尾，打开后不清空原有文件内容。如果该文件不存在，创建新文件用于读写

④ buffering：可选参数，用于指定读写文件的缓存模式，取值为0表示不缓存；取值为1表示缓存；如果取值大于1，则表示缓冲区的大小；默认为缓存模式。

⑤ encoding：可选参数，用于指定文件的编码方式，默认使用GBK编码。

open()方法用于打开一个文件时，指定打开文件的模式的常见状态如表7-3所示。

表7-3   指定打开文件的模式的常见状态

模式	r	r+	w	w+	a	a+
读	√	√		√		√
写		√	√	√	√	√
创建			√	√	√	√
覆盖			√	√		
指针在开头	√	√	√	√		
指针在结尾					√	√

以下通过代码演示 open() 方法的多种打开文件的方式。

（1）以默认方式打开一个文本文件。

```
>>>file=open(' 如何注册京东账号 .txt')
```

以上的 open() 方法中只指定了文本文件名称，默认文件打开模式为文本文件模式（t），默认文件访问模式为只读（r），默认为缓存模式，默认文件编码为 GBK 编码。

【说明】只有待打开的文本文件"如何注册京东账号 .txt"位于当前工作文件夹中，才可以省略该文件的路径，所以这里还需在 Windows 命令提示符窗口中改变当前盘和当前工作文件夹，然后才能使用 open() 方法打开文件。如果文本文件"如何注册京东账号 .txt"的存储位置为"D:\PycharmProject\Practice\Unit07"，则在 Windows 命令提示符窗口中的提示符后输入命令"D:"，按【Enter】键，改变当前盘，然后输入命令"cd D:\PycharmProject\Practice\Unit07"改变当前工作文件夹为"Unit07"，接着输入命令"python"，按【Enter】键，进入交互式 Python 解释器中，出现提示符"＞＞＞"，此时就可以输入语句"file=open(' 如何注册京东账号 .txt')"。

open(' 如何注册京东账号 .txt') 与 open(' 如何注册京东账号 .txt','r') 的访问模式相同，都是只读访问模式。

（2）以二进制形式打开非文本文件。

使用 oprn() 方法可以以二进制形式打开图片文件、音频文件、视频文件等非文本文件。

```
>>>file=open('hh.jpg','rb')
```

加上"b"表示以二进制模式打开非文本文件。

（3）打开文件时指定编码方式。

打开文件时添加"encoding='utf-8'"参数，可指定编码方式为"utf-8"。

```
>>>file=open(' 如何注册京东账号 .txt','r',encoding='utf-8')
```

7.1.2 使用 close() 方法关闭文件

在 Python 中，使用 open() 方法打开文件后，需要及时关闭文件，避免对文件造成不必要的破坏。可以使用文件对象的 close() 方法关闭打开的文件。

close() 方法的基本语法格式如下。

```
file.close()
```

其中，file 为打开的文件对象。

调用 close() 方法时，先刷新缓冲区中还没有写入的内容，然后再关闭文件，这样可以将没有写入文件的内容写入文件中，在关闭文件后，便不能再进行写入操作了。

当处理完一个文件后，调用 close() 方法来关闭文件并释放系统的资源，如果尝试再调用该文件，则会抛出异常。

示例如下。

```
>>>file=open(' 如何注册京东账号 .txt', 'r')
>>>file.close()
>>>file.read()
```

以上代码运行时会出现异常信息。

```
Traceback (most recent call last):
  File "<stdin>", line 1, in <module>
ValueError: I/O operation on closed file.
```

7.1.3　打开文件时使用 with 语句

使用 open() 方法打开文件后，如果没有及时关闭文件可能会带来意想不到的问题。另外，如果在打开文件时抛出了异常，也会导致文件不能被及时关闭。为了更好地避免此类问题发生，可以使用 Python 提供的 with 语句，在处理文件时，无论是否抛出异常，with 语句执行完毕后都会关闭已经打开的文件。

使用 open() 方法打开文件时应用 with 语句的基本语法格式如下。

```
with  open(filename[, mode[, buffering [, encoding=None]]])  as  file:
     < 语句体 >
```

其中，file 为文件对象，用于保存打开文件的结果；语句体是执行 with 语句后相关的一些操作语句。如果暂不指定任何语句，可以使用 pass 语句代替。

当处理一个文件对象时，使用 with 语句是非常好的方式。在结束后，它会自动正确关闭文件，而且写起来也比 try…finally 语句块要简短。

示例如下。

```
>>>with open(' 如何注册京东账号 .txt','r',encoding='utf-8') as file:
    pass
>>>file.closed
```

运行结果如下。

```
True
```

【实例 7-1】演示使用 open() 方法打开文件、使用 close() 关闭文件、使用 with 语句打开文件后自动关闭文件

实例 7-1 的代码如下所示。

```
file=open(' 如何注册京东账号 .txt')
file.close()
with open(' 如何注册京东账号 .txt','r',encoding='utf-8') as file:
     pass
```

7.2　读取与写入文件内容

Python 中的文件对象提供了 write() 方法用于向文件中写入内容，也提供了 readline()、readlines()、read() 等多种读取文件内容的方法。

7.2.1　文件对象

使用 open() 方法打开文件，并创建文件对象的语法格式如下。

```
file=open(filename[, mode[, buffering [, encoding=None]]])
```

7.2.2　调整文件的当前位置

Python 提供了 seek() 方法用于将文件的指针移动到指定位置。

seek() 方法的基本语法格式如下。

```
file.seek(offset [, whence ] )
```

其中，file 表示已经打开的文件对象；offset 用于指定移动的字符个数；whence 用于指定从什么位置开始计算移动的字符个数，值为 0 表示从文件的开始位置开始计算，值为 1 表示从当前位置开始计算，值为 2 表示从文件末尾开始计算，默认值为 0。

使用 seek() 方法时，offset 的值是按一个汉字占两个或 3 个字节（GBK 编码中一个汉字占两个字节，UTF-8 编码中一个汉字占 3 个字节），一个英文字母和半角数字占一个字节计算的。这与 read(size) 方法按字符数量计算不同。

在打开文本文件时（即打开文件时没有使用 b 模式），只允许从文件开始位置开始计算相对位置（即只会相对于文件起始位置进行定位），如果从文件末尾开始计算就会抛出异常。

以二进制模式（b）打开文件时，使用文件对象的 seek() 方法改变文件的当前位置有多种方法。示例如下。

seek(n,0)：表示从起始位置即文件首行的首字符开始移动 n 个字符。

seek(n,1)：表示从当前位置往后移动 n 个字符。

seek(-n,2)：表示从文件的结尾往前移动 n 个字符。

7.2.3　读取文件

在 Python 中，使用 open() 方法打开一个文件后，可以读取该文件中的内容，读取文件内容的方式有多种。

1. 使用 readline() 方法读取一行

在 Python 中，文件对象 file 提供了 readline() 方法用于每次逐行读取文件内容。readline() 方法的基本语法格式如下。

```
file.readline()
```

其中 file 为打开的文件对象，打开文件时，需要指定文件打开模式为 r（只读模式）或者 r+（读写模式）。

【实例 7-2】演示打开文本文件"如何注册京东账号 .txt"后，读取第一行内容并输出

文本文件"如何注册京东账号 .txt"的初始内容如下。

如何注册京东账号？

若您还没有京东账号，请单击注册，详细操作步骤如下。

（1）打开京东首页，在右上方单击【免费注册】按钮。

（2）进入注册页面，请填写您的邮箱、手机等信息完成注册。

（3）注册成功后，请完成账户安全验证，提高您的账户安全等级。

实例 7-2 的代码如下。

```
with open('如何注册京东账号.txt','r') as file:
    line = file.readline()
    print(line,end= "\n")   # 输出一行内容
```

实例 7-2 的运行结果如下。

```
如何注册京东账号?
```

2. 使用 readlines() 方法读取全部行

在 Python 中，文件对象 file 提供了 readlines() 方法用于每次读取文件的全部行。readlines() 方法的基本语法格式如下。

```
file.readlines()
```

其中，file 为打开的文件对象，打开文件时，需要指定文件打开模式为 r（只读模式）或者 r+（读写模式）。

使用 readlines() 方法读取文件的全部行时，返回的是一个字符串列表，每个元素为文件的一行内容。

【实例 7-3】演示打开文本文件后，读取全部行的内容并输出

实例 7-3 的代码如下。

```
with open('如何注册京东账号.txt','r') as file:
    lines = file.readlines()
    print(lines)   # 输出全部行的内容
```

实例 7-3 的运行结果如下。

```
['如何注册京东账号? \n', '若您还没有京东账号，请单击注册，详细操作步骤如下。\n',
'（1）打开京东首页，在右上方单击【免费注册】按钮;\n', '（2）进入注册页面，请填写您的邮箱、手机等信息完成
注册。\n', '（3）注册成功后，请完成账户安全验证，提高您的账户安全等级。\n']
```

从上述运行结果可以看出 readlines() 方法的返回值为一个字符串列表。在这个字符串列表中，每个元素记录一行内容。如果文件比较大，使用这种方式输出读取的文件内容速度会很慢，这时可以将列表的内容逐行输出。

3. 使用 read() 方法读取指定个数的字符

在 Python 中，文件对象提供了 read() 方法用于读取指定个数的字符，其基本语法格式如下。

```
file.read( [size] )
```

其中，file 为打开的文件对象；size 为可选参数，用于指定要读取的字符个数，如果省略则一次性读取所有内容。打开文件时，需要指定文件打开模式为 r（只读模式）或者 r+（读写模式），否则会抛出异常。

【注意】使用 size 指定字符的个数时，一个汉字、一个英文字母、一个半角数字的字符个数都相同，为 1。

（1）读取打开文件的全部内容。

【实例 7-4】演示打开文本文件后，读取文件的全部内容并输出

实例 7-4 的代码如下。

```
with open('如何注册京东账号.txt','r') as file:
    content = file.read()
    print(content)  # 输出全部内容
```

实例 7-4 的运行结果如下。

如何注册京东账号?

若您还没有京东账号，请单击注册，详细操作步骤如下。

① 打开京东首页，在右上方单击【免费注册】按钮。

② 进入注册页面，请填写您的邮箱、手机等信息完成注册。

③ 注册成功后，请完成账户安全验证，提高您的账户安全等级。

（2）从文件的开始位置读取指定数量的字符。

【实例 7-5】演示打开文本文件"如何注册京东账号 .txt"后，读取该文件的前 9 个字符并输出

实例 7-5 的代码如下。

```
with open('如何注册京东账号.txt','r') as file:
    content = file.read(9)
    print(content)
```

实例 7-5 的运行结果如下。

如何注册京东账号?

（3）从文件的指定位置开始读取指定数量的字符。

使用 read([size]) 方法读取文件时，默认从文件的开始位置读取。如果想要读取中间的部分内容，可以先使用文件对象的 seek() 方法将文件的指针移动到指定位置，然后再使用 read([size]) 方法读取指定数量的字符。

【实例 7-6】演示 seek()、tell() 和 read() 方法的联合使用

实例 7-6 的代码如下。

```
with open('如何注册京东账号.txt','r') as file:
    print("1.打开文件时，当前位置为：",file.tell())
    content1 = file.read(9)
    print("输出第 1 次读取的内容：",content1)
    print("2.第 1 次读取指定数量的字符后，当前位置为：", file.tell())
    file.seek(40)
    print("3.显式改变当前位置后，当前位置为：", file.tell())
    content2 = file.read(5)
    print("输出第 2 次读取的内容：",content2)
    print("4.第 2 次读取指定数量的字符后，当前位置为：", file.tell())
```

实例 7-6 的运行结果如下。

```
1.打开文件时，当前位置为：0
输出第 1 次读取的内容：如何注册京东账号?
2.第 1 次读取指定数量的字符后，当前位置为：18
3.显式改变当前位置后，当前位置为：40
输出第 2 次读取的内容：请单击注册
4.第 2 次读取指定数量的字符后，当前位置为：50
```

从运行结果可以看出，调用 open() 方法打开文件时，当前位置为 0，调用 read(9) 方法，读取并输出第 1 行的 9 个字符（18 字节），当前位置为 18；然后将文件指针从文件头的（相对起始位置）开始位置向后移动 20 个字符（40 字节），当前位置为 40；再读取并输出 5 个字符（10 字节），当前位置为 50。

实例 7-6 中使用了文件对象的 tell() 方法，该方法用于返回文件对象当前所处的位置，它是从文件开始位置算起的字节数。

7.2.4　向文件中写入内容

Python 的文件对象提供了 write() 方法，可以用于向文件中写入内容。write() 方法的基本语法格式如下。

```
file.write(string)
```

其中，file 为使用 open() 方法打开的文件对象；string 表示待写入的字符串类型的内容。打开文件时，需要指定文件打开模式为 w（可写模式）或者 a（追加模式），否则会抛出异常。

f.write(string) 将 string 写入文件中，然后返回写入的字符数。如果要写入的内容不是字符串类型，那么需要先进行转换，例如数值可以使用 str() 函数转换为字符串。

【实例 7-7】演示使用 open() 创建文件，使用 write() 方法向文件中写入内容，然后读取并输出文件内容

实例 7-7 的代码如下。

```
content='Bright sunshine, full of vitality and all things renewed'
file= open("expectation.txt", "w")     #打开一个文件
num = file.write(content)              #写入内容
print(num)
file.close()                          #关闭打开的文件
file= open("expectation.txt", "r")     #打开一个文件
text=file.read()
print(text)
```

实例 7-7 的运行结果如下。

```
56
Bright sunshine, full of vitality and all things renewed
```

下面针对文本文件"expectation.txt"应用 seek() 方法改变当前位置，并观察当前位置的变化。

示例如下。

```
>>>file = open('expectation.txt', 'rb+')
>>>file.seek(5)        #当前位置为文件的第 6 字节
5
>>>file.read(1).decode()
't'
>>file.seek(-3, 2)    #当前位置为文件的倒数第 3 字节
53
>>>file.read(1).decode()
'w'
>>>file.close()
```

【任务 7-1】打开并读取文件的全部行

【任务描述】

（1）在 PyCharm 中创建项目"Unit07"。

（2）在项目"Unit07"中创建 Python 程序文件"t7-1.py"。

（3）以"只读"方式打开当前工作文件夹中的文本文件"如何注册京东账号 .txt"，然后读取并输出该文件的全部行。

【任务实施】

1. 创建 PyCharm 项目"Unit07"

成功启动 PyCharm 后，在指定位置"D:\PycharmProject\"，创建 PyCharm 项目"Unit07"。

2. 创建 Python 程序文件"t7-1.py"

在 PyCharm 项目"Unit07"中，新建 Python 程序文件"t7-1.py"，PyCharm 窗口中显示程序文件"t7-1.py"的代码编辑区域，在该程序文件的代码编辑区域中自动添加了模板内容。

3. 编写 Python 代码

在文件"t7-1.py"的代码编辑区域中的已有模板注释内容下面输入代码，程序文件"t7-1.py"的代码如下所示。

```python
def readFile():
    objFile=open("D:\\PycharmProject\\Unit07\\ 如何注册京东账号 .txt","r")
    for txtLine in objFile.readlines():
        print(txtLine,end="")
        objFile.close()
try:
    readFile()
except Exception as error:
    print(error)
```

单击工具栏中的【保存】按钮，保存程序文件"t7-1.py"。

4. 运行 Python 程序

在 PyCharm 窗口中选择【运行】菜单，在弹出的下拉菜单中选择【运行】命令。在弹出的【运行】对话框中选择【t7-1】选项，程序文件"t7-1.py"开始运行。程序文件"t7-1.py"的运行结果如下所示。

> 如何注册京东账号？

若您还没有京东账号，请单击注册，详细操作步骤如下。

（1）打开京东首页，在右上方单击【免费注册】按钮。

（2）进入注册页面，请填写您的邮箱、手机等信息完成注册。

（3）注册成功后，请完成账户安全验证，提高您的账户安全等级。

【任务 7-2】以二进制形式打开文件并读取其内容

【任务描述】

（1）在项目"Unit07"中创建 Python 程序文件"t7-2.py"。

（2）自定义函数 readFile()，使用该函数以二进制只读模式"rb"打开文本文件"expectation.txt"，读取该文件的内容，并使用函数 decode() 将 bytes 对象转换为文字字符串。

（3）调用自定义函数 readFile()，并以文字形式输出文件"expectation.txt"的内容。

【任务实施】

在 PyCharm 项目 "Unit07" 中创建 Python 程序文件 "t7-2.py"。在程序文件 "t7-2.py" 中编写代码，实现所需功能，程序文件 "t7-2.py" 的代码如下所示。

```
fileName=r"D:\PycharmProject\Unit07\expectation.txt"

def readFile(fileName):
    objFile = open(fileName,"rb")
    text=objFile.read()
    strText=text.decode(encoding="utf-8", errors="strict")
    objFile.close()
    return strText
try:
    print(readFile(fileName))
except Exception as error:
    print(error)
```

程序文件 "t7-2.py" 的部分运行结果如下所示。

```
Bright sunshine, full of vitality and all things renewed
```

二进制文件不存在编码的问题，只有文本文件才有编码问题。使用 open() 方法以二进制方式打开文件时，不能通过 encoding 参数指定编码方式，否则会出现错误。二进制文件是字节流，也不能使用 readline()、readlines() 读取文件内容，一般使用 read() 读取文件内容，使用 write() 向文件中写入内容。

7.3　创建与操作文件、文件夹

文件夹也称为目录，用于对存储文件分层，通过文件夹可以分门别类地存放文件，也可以快速找到想要的文件。Python 中需要使用内置模块 os 和 os.path 中的方法操作文件夹。

在 Python 中，os 模块和 os.path 模块主要用于对文件夹和文件进行操作，常见的文件夹操作主要有判断文件夹是否存在、创建文件夹、删除文件夹和遍历文件夹等，本节针对文件夹的操作都是在 Windows 操作系统中执行的。

7.3.1　创建文件夹

Python 的 os 模块中提供了创建文件夹的方法。

1. 创建一级文件夹

创建一级文件夹是指一次只创建一个文件夹，在 Python 中，可以使用 os 模块提供的 mkdir() 方法实现。通过该方法可创建指定路径中的最后一级文件夹，如果该文件所在的上一级文件夹不存在，则会抛出 FileNotFoundError 异常。

mkdir() 方法的基本语法格式如下。

```
os.mkdir( path )
```

其中，path 用于指定要创建的文件夹，可以使用相对路径，也可以使用绝对路径。

例如，在 Windows 操作系统中创建一个文件夹 "D:\PycharmProject\Test07\test"，可以使用以下代码。

```
>>>import os
>>>os.mkdir(r"D:\PycharmProject\Test07\test")
```

运行以上代码后，将在文件夹"D:\PycharmProject\Test07"中创建一个新的子文件夹"test"，如图7-1所示。

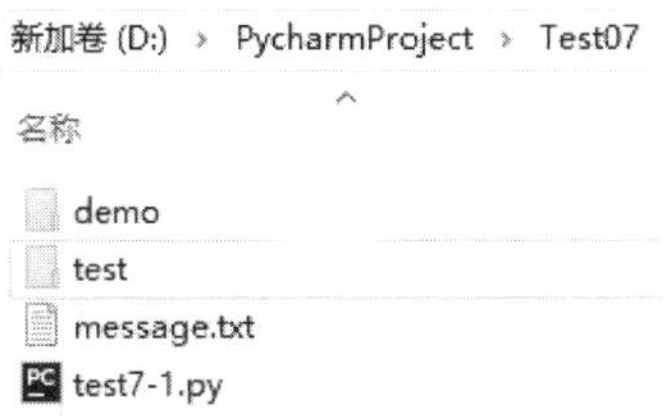

如果在创建文件夹时，文件夹"test"已经存在了，将抛出FileExistsError异常，将上面的代码再运行一次，将出现以下异常信息。

新加卷 (D:) › PycharmProject › Test07

名称

demo
test
message.txt
PC test7-1.py

图7-1 创建的文件夹"test"

```
Traceback (most recent call last):
  File "<stdin>", line 1, in <module>
```

FileExistsError: [WinError 183] 当文件已存在时，无法创建该文件。'D:\\PycharmProject\\Test07\\test'

如果创建的文件夹有多级父文件夹，待创建文件夹的父文件夹不存在，则会抛出FileNotFoundError异常。

示例如下。

```
>>>import os
>>>os.mkdir(r"D:\PycharmProject\Test08\test")
```

运行上面的代码，会出现以下异常信息。

```
Traceback (most recent call last):
  File "<stdin>", line 1, in <module>
```

FileNotFoundError: [WinError 3] 系统找不到指定的路径。'D:\\PycharmProject\\Test08\\test'

创建文件夹时，为了保证不出现重复创建文件夹的问题，可以在创建文件夹前，使用exists()方法判断指定的文件夹是否存在，根据判断结果再做出合理的操作。

示例如下。

```
>>>import os
>>>if not os.path.exists((r"D:\PycharmProject\Test07\test")):
    os.mkdir(r"D:\PycharmProject\Test07\test")
```

运行上面的代码，如果子文件夹"test"已经存在，if语句的条件表达式值为False，则不再执行创建子文件夹"test"的语句，也不会抛出FileExistsError异常。

2. 创建多级文件夹

使用mkdir()方法一次只能创建一级文件夹，如果需要一次创建多级文件夹，可以使用os模块提供的makedirs()方法，该方法会采用递归的方式逐级创建指定的多级文件夹。makedirs()方法的基本语法格式如下。

```
os.makedirs(name)
```

其中，name用于指定要创建的多级文件夹，可以使用相对路径，也可以使用绝对路径。例如，在Windows操作系统中，需要在文件夹"D:\PycharmProject\Test07"中创建子文件夹"01"，再在子文件夹"01"中创建下级子文件夹"0101"，可以通过以下代码实现。

```
>>>import os
>>>os.makedirs(r"D:\PycharmProject\Test07\01\0101")
```

运行上面的代码后，将创建图7-2所示的两级子文件夹。

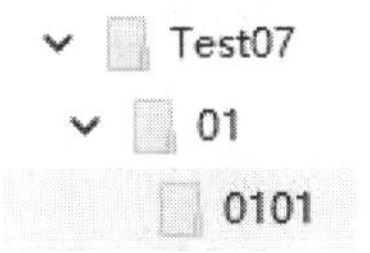

Test07
  01
    0101

图7-2 创建的两级子文件夹

7.3.2　针对文件夹的操作

1. 判断文件夹是否存在

在 Python 中，判断文件夹是否存在，可以使用 os.path 模块提供的 exists() 方法实现。exists() 的基本语法格式如下。

```
os.path.exists(path)
```

其中，path 表示待判断的文件夹，可以使用相对路径，也可以使用绝对路径。如果指定路径中的文件夹存在，则返回 True，否则返回 False。

例如，要判断绝对路径"D:\PycharmProject\Test07"是否存在，可以使用以下代码。

```
>>>import os
>>>print(os.path.exists(r"D:\PycharmProject\Test07"))
```

运行上面两行代码，如果文件夹"Test07"存在，则返回 True，否则返回 False。

2. 遍历文件夹

遍历是指将指定文件夹中的全部子文件夹及文件浏览一遍。在 Python 中，os 模块的 walk() 方法可以实现遍历文件夹的功能。walk() 方法的基本语法格式如下。

```
os.walk(top[, topdown=True[, onerror=None[, followlinks=False]]])
```

其中，top 用于指定要遍历的根文件夹。topdown 为可选参数，用于指定遍历的顺序，其默认值为 True。如果其值为 True，则表示自上而下进行遍历（即先遍历根文件夹）；如果其值为 False，则表示自下而上进行遍历（即先遍历最后一级子文件夹）。onerror 为可选参数，用于指定错误处理方式，默认为忽略，如果不想忽略可以指定一个错误处理函数。followlinks 为可选参数，默认情况下，walk() 方法不会向下转换成解析到文件夹的符号链接，将该参数设置为 True，表示在支持的操作系统上访问由符号链接指向的文件夹。

walk() 方法返回一个包括 3 个元素（dirpath、dirnames、filenames）的元组生成器对象。其中 dirpath 表示当前遍历的路径，是一个字符串；dirnames 表示当前路径包含的子文件夹，是一个列表；filenames 表示当前路径包含的文件，也是一个列表。

【实例 7-8】演示使用 walk() 方法遍历文件夹"D:\PycharmProject\Test07"

实例 7-8 的代码如下。

```
import os
tuple=os.walk(r"D:\PycharmProject\Test07")
for item in tuple:
    print(item)
```

如果文件夹"D:\PycharmProject\Test07"中包括图 7-3 所示的子文件夹和文件，运行上面的的代码，将显示如下结果。

```
('D:\\PycharmProject\\Test07', ['demo', 'test'],
['message.txt', 'test7-1.py'])
('D:\\PycharmProject\\Test07\\demo', [], ['message.txt'])
('D:\\PycharmProject\\Test07\\test', [], [])
```

3. 重命名文件夹

os 模块提供了重命名文件夹的方法 rename()，该方法的基本语法格式如下。

图7-3　文件夹"Test07"中包含的子文件夹与文件

```
os.rename(src , dst )
```

其中，src 用于指定要进行重命名的文件夹；dst 用于指定重命名后的文件夹。

进行文件夹重命名操作时，如果指定的文件夹不存在，将会抛出 FileNotFoundError 异常，所以在进行文件夹重命名时，先使用 os.path.exists() 方法判断文件夹是否存在，只有存在时才可以进行重命名操作。

例如，要将当前工作文件夹中的子文件夹名称"demo"修改为"demo07"，可以使用下面的代码。

```
>>>import os
>>>os.rename("demo","demo07")
```

运行上面的代码，如果当前工作文件夹中的子文件夹"demo"存在，则会完成子文件夹的重命名操作，否则将抛出异常。

使用 rename() 方法，只能修改路径中最后一级的子文件夹名称。

7.3.3 创建文件

调用 open() 方法时，若指定 mode 参数值为 w、w+、a 或 a+，当要打开的文件不存在时，就会创建一个新文件。

例如，以下代码用于在当前工作文件夹中创建一个名称为"expectation.txt"的文本文件。

```
>>>file=open('expectation.txt','w')
>>>file.close()
```

7.3.4 针对文件的操作

1. 判断文件是否存在

在 Python 中，判断文件是否存在，也可以使用 os.path 模块提供的 exists() 方法实现。exists() 的基本语法格式如下。

```
os.path.exists(path)
```

其中，path 表示待判断的文件，path 中包含路径，可以是相对路径，也可以是绝对路径。如果指定路径中的文件存在，则返回 True，否则返回 False。

例如，要判断指定的文件"D:\PycharmProject\Test07\message.txt"是否存在，可以使用以下代码。

```
>>>import os
>>>print(os.path.exists(r"D:\PycharmProject\Test07\message.txt "))
```

运行上面两行代码，如果指定文件夹"Test07"中的文件"message.txt"存在，则返回 True，否则返回 False。

2. 获取文件的基本信息

在计算机中创建文件后，文件本身就包含一些有用的信息，例如文件大小、文件的最后一次访问时间、文件的最后一次修改时间，通过 os 模块的 stat() 方法可以获取文件的这些信息。stat() 方法的基本语法格式如下。

```
os.stat(path)
```

其中，path 为要获取文件信息的文件路径，可以是相对路径，也可以是绝对路径。

stat() 方法的返回值是一个对象，该对象包括以下属性：st_mode（保护模式）、st_ino（索引值）、st_nlink（被连接数目）、st_size（文件大小，单位为字节）、st_mtime（文件的最后一次修改时间）、st_dev（设备名）、st_uid（用户 ID）、st_gid（组 ID）、st_atime（文件的最后一次访问时间）、st_ctime（文件最后一次状态变化的时间，Windows 中返回的是文件的创建时间）。

例如，要获取文本文件"message.txt"的大小，代码如下。

```
>>>import os
>>>fileInfo=os.stat("message.txt")
>>>print("文件大小：",fileInfo.st_size,"字节")
```

运行结果如下。

```
文件大小：26字节
```

3. 重命名文件

os 模块提供了重命名文件的方法 rename()，该方法的基本语法格式如下。

```
os.rename(src , dst )
```

其中，src 用于指定要进行重命名的文件；dst 用于指定重命名后的文件。

进行文件重命名操作时，如果指定的文件不存在，将会抛出 FileNotFoundError 异常，所以在进行文件重命名时，先使用 os.path.exists() 方法判断文件是否存在，只有存在时才可以进行重命名操作。

例如，要将当前工作文件夹中的文件名称"message.txt"修改为"message07.txt"，可以使用下面的代码。

```
>>>import os
>>>os.rename(r"D:\PycharmProject\Test07\message.txt",r"D:\PycharmProject\Test07\message07.txt")
```

运行上面的代码，如果文件夹"D:\PycharmProject\Test07"中存在文件"message.txt"，则会完成文件"message.txt"的重命名操作，否则将抛出异常。

7.4　删除文件及文件夹

Python 中的 os 模块提供了多种删除文件及文件夹的方法。

7.4.1　删除文件

Python 中内置的 os 模块中提供了删除文件的方法 remove()，该方法基本的语法格式如下。

```
os.remove( path )
```

其中，path 为待删除文件所在的路径，可以使用相对路径，也可以使用绝对路径。

例如，要删除指定文件夹中的文件"message.txt"，可以使用下面的代码。

```
>>>import os
>>>os.remove(r"D:\PycharmProject\Test07\message.txt ")
```

运行上面的代码后，如果文件夹"D:\PycharmProject\Test07"中存在文本文件"message.

txt"，则可以将其删除，否则会出现"FileNotFoundError: [WinError 2] 系统找不到指定的文件。"异常信息。例如上面的代码重复运行一次，则会出现以下异常信息。

```
Traceback (most recent call last):
  File "<stdin>", line 1, in <module>
```

FileNotFoundError: [WinError 2] 系统找不到指定的文件。

```
'D:\\PycharmProject\\Test07\\message.txt '
```

为了解决删除不存在的文件时出现异常的问题，可以在删除文件时，先使用 os.path.exists() 方法判断待删除文件是否存在，只有存在才可执行删除操作。

7.4.2 删除文件夹

1. 删除空文件夹

删除空文件夹可以使用 os 模块提供的 rmdir() 方法实现，通过 rmdir() 方法删除文件夹时，只有待删除的文件夹为空才能执行删除操作。rmdir() 方法的基本语法格式如下。

```
os.rmdir( path )
```

其中，path 为要删除的文件夹，可以使用相对路径，也可以使用绝对路径。

例如，删除前面创建的文件夹"0101"，可以使用下面的代码。

```
>>>import os
>>>os.rmdir(r"D:\PycharmProject\Test07\01\0101")
```

运行上面的代码后，"D:\PycharmProject\Test07\01"文件夹中的子文件夹"0101"会被删除。

如果待删除的文件夹不存在，将抛出"FileNotFoundError: [WinError 2] 系统找不到指定的文件。"的异常。

例如，子文件夹"0101"被删除后，如果再一次运行上述代码，则会出现以下异常信息。

```
Traceback (most recent call last):
  File "<stdin>", line 1, in <module>
```

FileNotFoundError: [WinError 2] 系统找不到指定的文件。'D:\\PycharmProject\\Test07\\01\\0101'

因此，在执行 rmdir() 方法删除指定文件夹前，应先使用 os.path.exists() 方法判断待删除的文件夹是否存在。

2. 删除非空文件夹

使用 rmdir() 方法只能删除空文件夹，如果想要删除非空文件夹，可以使用 Python 内置标准模块 shutil 的 rmtree() 实现。

例如，在文件夹"01"中有一个子文件夹"0101"和一个文本文件"message.txt"，如果需要删除非空文件夹"01"，可以使用下面的代码。

```
>>>import shutil
>>>shutil.rmtree(r"D:\PycharmProject\Test07\01")
```

运行上面的代码，则会直接将文件夹"01"中的子文件夹"0101"和文本文件"message.txt"都删除。

7.5 异常处理语句

Python 有两种错误很容易辨认：语法错误和异常。下面介绍常用的异常处理语句。

7.5.1 try…except 语句

在 Python 中，可以使用 try…except 语句捕捉并处理异常，使用该语句时，把可能会产生异常的代码放在 try 语句块 1 中，把处理结果放在 except 语句块 2 中，这样，当 try 语句块 1 中的代码出现错误时，就会执行 except 语句块 2，如果 try 语句块 1 没有错误，那么 except 语句块 2 将不会执行。

try…except 语句的基本语法格式如下。

```
try:
    <语句块1>
except  [异常类型名称 [as alias]]:
    <语句块2>
```

其中，语句块 1 表示可能会出现错误的语句块；异常类型名称为可选参数，用于指定要捕获的异常类型，如果在其右侧加上 "as alias"，则表示为当前的异常指定一个别名，通过别名，可以记录异常的具体内容；语句块 2 表示进行异常处理的语句块，在这里可以输出提示信息，也可以通过别名输出异常的具体内容。

其结构与执行流程示意图如图 7-4 所示。

在使用 try…except 语句捕获异常时，如果在 except 后面不指定异常名称，则表示捕获全部异常。

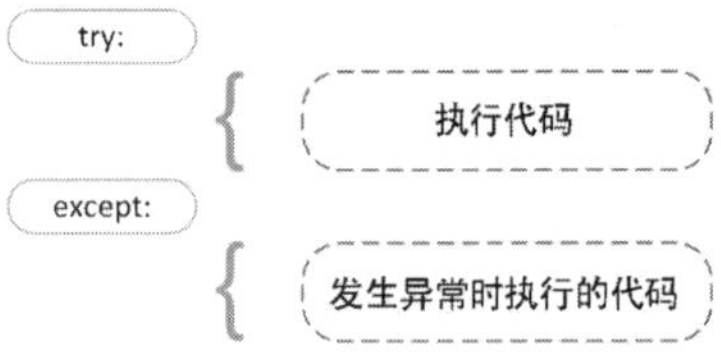

【实例 7-9】演示 try…except 语句的应用

实例 7-9 的代码如下。

图7-4 try…except语句的结构与执行流程示意图

```
try:
    num = eval(input("请输入数字："))
    print(num**2)
except:
    print("所输入的不是数字")
```

【实例 7-10】演示使用 try…except 语句限制用户输入一个数字

实例 7-10 的代码如下。

```
while True:
    try:
        num = int(input("请输入一个数字："))
        print("所输入的数字为：",num)
    except ValueError:
        print("所输入的不是数字，请再次尝试输入！")
```

实例 7-10 的代码运行时，try 语句按照以下方式工作。

执行 try 子句（在关键字 try 和关键字 except 之间的语句）。如果没有异常发生，忽略 except 子句，try 子句执行后结束。

如果在执行 try 子句的过程中发生了异常，那么 try 子句余下的部分将被忽略。如果异常的类型和 except 关键字之后的名称相符，那么对应的 except 子句将被执行。

处理程序将只针对对应的 try 子句中的异常进行处理。

【实例 7-11】演示使用一个 try 语句包含多个 except 子句分别处理不同异常的情形

实例 7-11 的代码如下。

```
import sys
try:
    file = open("如何注册京东账号.txt")
    line = file.readline()
    print(line)
    num = int(line.strip())
    print(num)
except OSError as err:
    print("操作系统错误：{0}".format(err))
except ValueError:
    print("无法将数据转换为整数。")
except:
    print("意外错误：", sys.exc_info()[0])
    raise
```

实例 7-11 代码的运行结果如下。

```
如何注册京东账号？
无法将数据转换为整数。
```

实例 7-11 中的一个 try 语句包含多个 except 子句，分别用来处理不同的特定异常，但最多只有一个 except 子句会被执行。

最后一个 except 子句可以忽略异常的名称，它将被当作通配符使用，可以使用这种方法输出错误信息。

如果一个异常没有与任何 except 子句匹配，那么这个异常将会传递给上层的 try…except 语句。

另外，一个 except 子句可以同时处理多个异常，这些异常将被放在一个小括号里组成一个元组，示例如下。

```
except(RuntimeError, TypeError, NameError):
    pass
```

7.5.2　try…except…else 语句

在 Python 中，try…except 语句还有一个可选的 else 子句，用于指定当 try 子句没有发现异常时要执行的语句块。如果使用 else 子句，那么必须将它放在所有的 except 子句之后。else 子句将在 try 子句没有发生任何异常的时候执行，如果 try 子句出现异常，则 else 子句不被执行。

其结构与执行流程示意图如图 7-5 所示。

以下实例在 try 子句中判断一个文件是否可以打开，如果能正常打开该文件，没有发生异常，则执行 else 子句，读取文件内容。

图7-5　try…except…else语句的结构与执行流程示意图

【实例 7-12】演示 try…except…else 语句的用法

实例 7-12 的代码如下。

```
arg="如何注册京东账号.txt"
try:
    file = open(arg, "r")
except IOError:
```

```
    print("cannot open", arg)
else:
    print(" 文件 "",arg, "" 中的内容共有 ", len(file.readlines()), " 行 ")
    file.close()
```

实例 7-12 代码的运行结果如下。

```
文件 "如何注册京东账号 .txt " 中的内容共有 5 行
```

使用 else 子句比把所有的语句都放在 try 子句里面要好，这样可以避免一些意想不到，而 except 子句又无法捕获的异常。

异常处理语句并不仅能处理那些直接发生在 try 子句中的异常，还能处理子句中调用的函数（甚至间接调用的函数）抛出的异常。

7.5.3   try…except…finally 语句

完整的异常处理语句包括 finally 子句，通常情况下，无论程序是否发生异常，finally 子句都将执行。

```
try:
    < 语句块 1>
except  [ 异常类型名称 [as alias]]:
    < 语句块 2>
else:
    < 语句块 3>              # 不发生异常时执行
finally
    < 语句块 4>              # 最终执行
```

其结构与执行流程示意图如图 7-6 所示。

try…except…finally 语句比 try…except 语句多了一个 finally 子句，如果程序中有一些在任何情形下都必须执行的代码，那么就可以将它们放在 finally 子句中。

图 7-6   try…except…finally 语句的结构与执行流程示意图

无论是否引发了异常，finally 子句都会执行，如果分配了有限的资源，则应将释放这些资源的代码放置在 finally 子句中。

【实例 7-13】演示 try…except…finally 语句的用法

实例 7-13 的代码如下。

```
import os
try:
    arg = "如何注册京东账号 .txt"
    assert os.path.exists(arg),"拟打开的文件 ""+arg+"" 不存在 "
except AssertionError as error1:
    print(error1)
else:
    try:
        with open(arg) as file:
            data = file.read(9)
            print(data)
    except FileNotFoundError as error2:
        print(error2)
finally:
    print(" 拟打开的文件的名称为 : ",arg)
```

实例 7-13 代码的运行结果如下。

```
如何注册京东账号？
拟打开的文件的名称为 : 如何注册京东账号 .txt
```

实例 7-13 中的 finally 子句无论是否发生异常都会执行。

7.5.4 使用 raise 语句抛出异常

在 Python 中，如果某个函数或方法可能会产生异常，但不想在当前函数或方法中处理这个异常，则可以使用 raise 语句在函数或方法中抛出一个指定的异常。

raise 语句的基本语法格式如下。

```
raise [ExceptionName [, (reason)]]
```

其中，ExceptionName 为可选参数，用于指定抛出的异常名称，以及异常信息的相关描述。如果省略此参数，就会把当前的错误原样抛出。参数 reason 也可以省略，如果省略，则在抛出异常时，不附带任何描述信息。

使用 raise 语句触发异常的示意图如图 7-7 所示。

图7-7 使用raise语句触发异常示意图

以下代码中，如果 x 大于 5 就触发异常。

```
x = 10
if x > 5:
    raise Exception("x 不能大于 5。x 的值为：{}".format(x))
```

运行以上代码会触发以下异常。

```
Traceback (most recent call last):
  File "<stdin>", line 2, in <module>
Exception: x 不能大于 5。x 的值为：10
```

raise 语句唯一的参数用于指定要被抛出的异常，它必须是一个异常的实例或者异常的类（也就是 Exception 的子类）。

如果只想知道是否抛出了一个异常，并不想处理它，那么使用一个简单的 raise 语句就可以再次把它抛出。

知识扩展

1. 使用 Python 3 的 os.path 模块中的操作文件夹和文件的方法

os.path 模块中操作文件夹和文件的常用方法及说明如表 7-4 所示。

表7-4　　　　os.path模块中操作文件夹和文件的常用方法及说明

序号	方法	说明
1	os.path.abspath(path)	用于获取文件或文件夹的绝对路径
2	os.path.exists(path)	用于判断文件夹或文件是否存在，如果存在则返回 True，否则返回 False
3	os.path.join(path, name)	将两个或多个路径拼接起来，形成一个完整路径
4	os.path.split(path)	将一个路径分离为文件夹名和文件名两部分
5	os.path.splitext(path)	将一个文件名分离文件名和扩展名两部分
6	os.path.basename(path)	从一个路径中提取文件名

序号	方法	说明
7	os.path.dirname(path)	从一个路径中提取文件路径，不包括文件名
8	os.path.isdir(path)	用于判断是否为文件夹，如果是则返回 True，否则返回 False
9	os.path.isfile(file)	用于判断是否为文件，如果是则返回 True，否则返回 False

2. wordcloud

词云以词语为基本单位，更加直观和艺术地展示文本词云图，也叫文字云，对文本中出现频率较高的关键词予以视觉化的展现。词云图过滤掉大量的低频低质的文本信息，使得浏览者可快速领略文本的主旨。

基于 Python 的词云生成类库，好用且功能强大，便于做统计分析。wordcloud 是 Python 非常优秀的第三方模块。wordcloud 模块官网的地址为：https://amueller.github.io/word_cloud/。wordcloud 模块下载安装的命令为：pip install wordcloud。

wordcloud 模块把词云当作一个 wordcloud 对象，以 wordcloud 对象为基础。以下代码用于创建一个 wordcloud 对象 w。

```
w = wordcloud.WordCloud()
```

其中，wordcloud.WordCloud() 代表一个文本对应的词云，可以根据文本中词语出现的频率等参数绘制词云，词云的形状、尺寸和颜色都可以设定。

单元测试

1. 选择题

（1）在 Python 中，打开文本文件"message.txt"有多种方式，以下方式错误的是（　　）。

  A．"demo\\message.txt"　　　　　　B．"demo/message.txt"

  C．r"demo\message.txt"　　　　　　D．"demo\message.txt"

（2）要打开的文件不存在时，会引发的异常是（　　）。

  A．IOError　　　　　　　　　　B．ImportError

  C．IndentationError　　　　　　D．IndexError

（3）无法导入模块或包引发的异常是（　　）。

  A．IOError　　　　　　　　　　B．ImportError

  C．IndentationError　　　　　　D．IndexError

（4）Python 提供了 seek() 方法用于将文件的指针移动到指定位置，seek(n,1) 表示（　　）。

  A．从起始位置即文件首行首字符开始移动 n 个字符

  B．从当前位置往后移动 n 个字符

  C．从文件的结尾往前移动 n 个字符

  D．从起始位置即文件首行首字符开始移动 n+1 个字符

（5）在 Python 中，使用 open() 方法打开一个文件后，可以读取该文件中的内容，读取文件内容的方式有多种。其中每次只能读取一行的方法是（　　）。

A.　readlines()　　　　　　B.　read()

C.　readall()　　　　　　　D.　readline()

（6）Python 的 os 模块中提供了创建文件夹的方法，要一次创建多级文件夹使用（　　　）方法。

A.　mkdir()　　　　　　　B.　makedirs()

C.　walk()　　　　　　　　D.　tell()

（7）以下不会影响 Python 程序的正常运行的是（　　　）。

A.　拼写错误　　　　　　　B.　错误表达式

C.　缩进错误　　　　　　　D.　手动抛出异常

（8）有关异常的说法正确的是（　　　）。

A.　程序中抛出异常终止程序

B.　程序中抛出异常不一定终止程序

C.　拼写错误会导致程序终止

D.　缩进错误会导致程序终止

（9）对以下程序的描述错误的是（　　　）。

```
try:
    # 语句块 1
except  IndexError as err:
    # 语句块 2
```

A.　该程序对异常进行了处理，因此一定不会终止程序

B.　该程序对异常进行了处理，可能会因异常终止程序

C.　语句块 1 如果抛出 IndexError 异常，不会因为异常终止程序

D.　语句块 2 不一定会执行

2．填空题

（1）当前工作文件夹是指当前运行文件或打开的文件所在的文件夹，在 Python 中，通过 os 模块提供的＿＿＿＿＿＿方法获取当前工作文件夹。

（2）对文件进行写入操作之后，＿＿＿＿＿＿方法用来在不关闭文件对象的情况下将缓冲区内容写入文件。

（3）Python 内置方法＿＿＿＿＿＿用来打开或创建文件并返回文件对象。

（4）使用＿＿＿＿＿＿语句可以自动管理文件对象，不论何种原因结束该语句，都能保证文件被正确关闭。

（5）Python 标准模块 os 中用来列出指定文件夹中的文件和子文件夹列表的方法是＿＿＿＿＿＿。

（6）Python 标准模块 os.path 中用来判断指定文件是否存在的方法是＿＿＿＿＿＿。

（7）Python 标准模块 os.path 中用来判断指定路径是否为文件的方法是＿＿＿＿＿＿。

（8）Python 标准模块 os.path 中用来判断指定路径是否为文件夹的方法是＿＿＿＿＿＿。

3. 判断题

（1）使用 open() 且以 w 模式打开的文件，文件指针默认指向文件尾。　　　　（　　）

（2）使用 open() 打开文件时，只要文件路径正确就可以正确打开文件。　　　（　　）

（3）对文件进行读写操作之后必须显式关闭文件以确保所有内容都得到保存。

（　　）

（4）程序中异常处理结构在大多数情况下是没必要的。　　　　　　　　　（　　）

（5）在 try…except…else 结构中，如果 try 子句引发了异常则会执行 else 子句。

（　　）

（6）异常处理结构中的 finally 子句中仍然有可能出错，从而再次引发异常。　（　　）

（7）二进制文件不能使用记事本程序打开。　　　　　　　　　　　　　（　　）

（8）使用普通文本编辑器软件也可以正常查看二进制文件的内容。　　　　　（　　）

（9）二进制文件也可以使用记事本或其他文本编辑器打开，但是一般来说无法正常查看其中的内容。　　　　　　　　　　　　　　　　　　　　　　　　（　　）

（10）Python 标准模块 os 中的方法 exists() 可以用来判断指定路径的文件是否存在。

（　　）

（11）在异常处理结构中，不论是否发生异常，finally 子句总是会执行的。　　（　　）

（12）以写模式打开的文件无法进行读操作。　　　　　　　　　　　　　（　　）

（13）以读模式打开文件时，文件指针指向文件开始处。　　　　　　　　　（　　）

（14）以追加模式打开文件时，文件指针指向文件尾。　　　　　　　　　　（　　）

单元8
数据库访问与使用

08

开发Python程序时，数据库应用是必不可少的。虽然数据库管理系统有很多，例如SQLite、MySQL、SQL Server、Oracle等，但这些系统的功能基本一致，为了对数据库进行统一规范化操作，大多数程序设计语言都提供了标准的数据库接口。在Python Database API规范中，定义了Python数据库API的各个部分，例如模块接口、连接对象、游标对象、类型对象和构造器等。本单元主要学习创建、使用SQLite数据表和MySQL数据表。

 知识入门

1. 下载与安装 MySQL

参考附录 3 介绍的方法，正确下载与安装 MySQL。

2. 创建与查看 MySQL 服务器主机上的数据库

（1）打开 Windows 命令提示符窗口，登录 MySQL 服务器。

在 Windows 命令提示符窗口的提示符 ">" 后输入命令 "MySQL –u root –p"，按【Enter】键后，输入正确的密码，当提示符变为 "MySQL>" 时，表示已经成功登录 MySQL 服务器。

（2）查看 MySQL 服务器主机上的初始数据库。

在提示符 "MySQL>" 后面输入以下语句。

```
show databases;
```

按【Enter】键，执行以上语句，输出结果如图 8-1 所示。

（3）创建 MySQL 数据库 "eCommerce"。

图8-1 执行 "show databases;" 语句的输出结果

在提示符 "MySQL>" 后面输入以下创建数据库 "eCommerce" 的语句。

```
create database if not exists eCommerce character set UTF8;
```

执行该语句后，输出以下提示信息。

```
Query OK, 1 row affected, 1 warning (0.40 sec)
```

（4）再一次查看 MySQL 服务器主机上的数据库。

在提示符"MySQL>"后面输入以下语句。

```
show databases;
```

按【Enter】键，执行该语句，输出结果如图 8-2 所示。

在提示符后输入"quit"或"exit"命令即可退出 MySQL，显示"Bye"
的提示信息。

3. MySQL 命令提示符窗口中执行 SQL 脚本文件

在 Mysql 命令提示符窗口中执行 SQL 脚本文件有两种方式。

图8-2　创建数据库
eCommerce后执行
"show databases;"语
句的输出结果

（1）在未连接数据库的情况下输入以下命令。

MySQL -h 服务器名称 / 服务器地址 –u 用户名称 -p 数据库名 < 完
整路径的脚本文件 >

例如 MySQL -h localhost –u root -p eCommerce D:\PycharmProject\Unit08\product.sql 或者
MySQL -h 127.0.0.1 –u root -p eCommerce D:\PycharmProject\Unit08\product.sql。

（2）在已经连接数据库的情况下，在命令提示符"MySQL>"后输入以下语句。

```
source <完整路径的脚本文件> 或者 \. <完整路径的脚本文件>
```

例如 source D:\PycharmProject\Unit08\product.sql 或者 \. D:\PycharmProject\Unit08\product.
sql。

4. 下载与安装 pymysql 模块

pymysql 是 Python 3 中用于连接 MySQL 服务器的一个模块，Python 2 中则使用 MySQLdb。
pymysql 遵循 Python 数据库 API 2.0 规范，并包含了 pure-Python MySQL 客户端模块。

在使用 pymysql 之前，从 github 网站下载 Pymysql，并确保 pymysql 已安装。

如果还未安装，可以使用以下命令安装最新版的 pymysql。

```
pip install pymysql
```

8.1　创建与使用 SQLite 数据表

SQLite 是一种嵌入式数据库，它将整个数据库，包括数据库定义、数据表、索引以及数据
本身，作为一个单独的、可跨平台使用的文件存储在主机中。Python 内置了 sqlite3 模块，所
以，在 Python 中使用 SQLite 不需要额外安装任何模块，可以直接使用。

8.1.1　创建 SQLite 数据库文件与数据表

由于 Python 内置了 sqlite3 模块，可以直接使用 import 语句导入 sqlite3 模块。Python 创
建数据表的通用流程如下。

（1）使用 connect() 方法创建连接对象。

（2）使用 cursor() 方法获取游标对象。

（3）使用 execute() 方法执行一条 SQL 语句，创建数据表。

（4）使用游标对象的 close() 方法关闭游标。

（5）使用连接对象的 close() 方法关闭连接对象。

【实例 8-1】演示创建 SQLite 数据库文件"dbtest.db"与数据表"teacher"的方法

实例 8-1 的代码如下所示。

```python
import sqlite3
sql = """create table teacher
  (
  ID int(4)  primary key ,
  name varchar(30) ,
  sex varchar(2) ,
  nation varchar(30),
  title varchar(20)
  );
"""
# 连接到 SQLite 数据库
# 数据库文件是"dbtest.db"，如果该文件不存在，会自动在当前文件夹中创建
conn = sqlite3.connect('dbtest.db')
# 创建一个游标对象
cursor = conn.cursor()
# 执行一条 SQL 语句，创建 teacher 表
cursor.execute(sql)
# 关闭游标
cursor.close()
# 关闭连接对象
conn.close()
```

实例 8-1 中使用 sqlite3.connect() 方法连接 SQLite 数据库文件"dbtest.db"，因为该文件并不存在，所以会先创建数据库文件"dbtest.db"，然后在该文件中创建数据表"teacher"，该数据表中包含 ID、name、sex、nation、title 这 5 个字段。

实例 8-1 的代码成功运行，则表示 SQLite 数据库文件"dbtest.db"与数据表"teacher"都创建成功。

【提示】实例 8-1 的代码如果成功运行过一次，再次运行时，会出现异常信息"sqlite3.OperationalError: table teacher already exists"，表示数据表"teacher"已经存在，不能创建同名的数据表。

8.1.2　操作 SQLite 数据库

1. 在数据表中新增记录

向数据表中新增数据，可以使用如下 SQL 语句。

```
insert into 数据表名称 ( 字段名 1, 字段名 2, …, 字段名 n)
         values( 字段值 1, 字段值 2, …, 字段值 n )
```

向数据表中新增数据时，需要根据字段的数据类型正确赋值，否则新增记录会失败。

【实例 8-2】演示向数据表"teacher"中新增 3 条记录的方法

实例 8-2 的代码如下所示。

```
import sqlite3
# 连接到 SQLite 数据库
# 数据库文件是 "dbtest.db"，如果该文件不存在，会自动在当前文件夹中创建
conn = sqlite3.connect('dbtest.db')
# 创建一个游标对象
cursor = conn.cursor()
# 执行 SQL 语句，插入 3 条记录
try:
    cursor.execute("insert into teacher (ID,name,sex,nation,title) \
                                  values(1,'宁夏','男','汉族','教授')")
    cursor.execute("insert into teacher (ID,name,sex,nation,title) \
                                  values(2,'郑州','男','汉族','副教授')")
    cursor.execute("insert into teacher (ID,name,sex,nation,title) \
                                  values(3,'叶丽','女','苗族','讲师')")
    conn.commit()
except:
    # 发生错误时回滚
    conn.rollback()
# 关闭游标
cursor.close()
# 关闭连接对象
conn.close()
```

实例 8-2 的代码成功运行，即表示向数据表 "teacher" 中新增了 3 条记录。

2. 查看数据表中的记录

查询 SQLite 数据表中的数据可以使用如下 SQL 语句。

```
select 字段名 1, 字段名 2, …, 字段名 n from 数据表名称 where <查询条件>
```

在 select 查询语句中，使用问号 "?" 作为占位符代替具体的字段值，然后使用一个元组来替换问号，如果元组中只有一个元素，该元素后面的逗号 "," 不能省略。使用占位符的方式可以避免 SQL 注入的风险。

例如，从数据表 "teacher" 中查询 ID 大于 2 的所有记录，可以使用以下 SQL 语句。

```
sql="select * from teacher where ID>?" , (2,)
```

上述语句等价于如下语句。

```
sql="select * from teacher where ID>2"
```

使用 Python 查询 SQLite 数据表时，使用 fetchone() 方法可获取数据表中的一条记录，使用 fetchall() 方法可获取数据表中的全部记录，使用 fetchmany(size) 方法可获取数据表中指定数量的记录。

【实例 8-3】演示查询数据表 "teacher" 中记录的多种方法

实例 8-3 的代码如下所示。

```
import sqlite3
# 连接 SQLite 数据库
# 数据库文件是 "dbtest.db"，如果该文件不存在，会自动在当前文件夹中创建
conn = sqlite3.connect('dbtest.db')
# 创建一个游标对象
cursor = conn.cursor()
# 执行 SQL 语句，查询数据
cursor.execute("select ID,name,sex,nation,title from teacher")
# 获取查询结果
result1 = cursor.fetchone()          # 使用 fetchone() 方法查询一条记录
print(result1)
result2 = cursor.fetchmany(1)        # 使用 fetchmany() 方法查询多条记录
```

```
print(result2)
result3 = cursor.fetchall()                    # 使用 fetchall() 方法查询多条记录
print(result3)
# 关闭游标
cursor.close()
# 关闭连接对象
conn.close()
```

实例 8-3 代码的运行结果如下。

```
(1, '宁夏', '男', '汉族', '教授')
[(2, '郑州', '男', '汉族', '副教授')]
[(3, '叶丽', '女', '苗族', '讲师')]
```

3. 修改数据表中的记录

修改数据表中的数据可以使用如下 SQL 语句。

```
update 数据表名称 set 字段名 = 字段值 where <查询条件 >
```

【实例 8-4】演示将数据表 "teacher" 中 ID 为 3 的 name 字段值修改为 "夏丽"

实例 8-4 的代码如下所示。

```
import sqlite3
# 连接 SQLite 数据库
# 数据库文件是 "dbtest.db"，如果该文件不存在，会自动在当前文件夹中创建
conn = sqlite3.connect('dbtest.db')
# 创建一个游标对象
cursor = conn.cursor()
# 执行 SQL 语句
try:
    cursor.execute("update teacher set name=? where ID=?", ('夏丽', 3))
    conn.commit()
    cursor.execute("select ID,name,sex,nation,title from teacher where ID=?" , (3,))
    result = cursor.fetchall()
    print(result)
except:
    # 发生错误时回滚
    conn.rollback()
# 关闭游标
cursor.close()
# 关闭连接对象
conn.close()
```

实例 8-4 代码的运行结果如下。

```
[(3, '夏丽', '女', '苗族', '讲师')]
```

4. 删除数据表的记录

删除数据表中的记录可以使用如下 SQL 语句。

```
delete from 数据表名称 where <查询条件 >
```

【实例 8-5】演示将数据表 "teacher" 中 ID 为 2 的记录删除

实例 8-5 的代码如下所示。

```
import sqlite3
# 连接 SQLite 数据库
# 数据库文件是 "dbtest.db"，如果该文件不存在，会自动在当前文件夹中创建
conn = sqlite3.connect('dbtest.db')
# 创建一个游标对象
cursor = conn.cursor()
# 执行 SQL 语句
try:
    cursor.execute("delete from teacher where ID=?", (2,))
```

```
        conn.commit()
        cursor.execute("select * from teacher ")
        result = cursor.fetchall()
        print(result)
except:
        # 发生错误时回滚
        conn.rollback()
# 关闭游标
cursor.close()
# 关闭连接对象
conn.close()
```

实例 8-5 代码的运行结果如下。

```
[(1, '宁夏', '男', '汉族', '教授'), (3, '夏丽', '女', '苗族', '讲师')]
```

从实例 8-5 的运行结果可以看出，数据表 "teacher" 中 ID 为 2 的记录已被删除。

【任务 8-1】创建、新增、查询、删除 SQLite 数据表

【任务描述】

（1）在 PyCharm 中创建项目 "Unit08"。

（2）在项目 "Unit08" 中创建 Python 程序文件 "t8-1.py"。

（3）自定义 getInsertSql() 函数用于返回 SQL 插入语句，自定义 execInsert() 函数用于向数据表中插入多条记录。

（4）创建 SQLite 数据库文件 "电子商务 .db"。

（5）如果 SQLite 数据库 "电子商务 .db" 中已存在 "用户表"，先删除该数据表，然后重新创建数据表 "用户表"，该数据表包括用户 ID、用户编号、用户名称、密码 4 个字段，各字段的数据类型及长度见程序文件 "t8-1.py" 中的代码。

（6）向数据表 "用户表" 中插入 5 条记录。

（7）查询用户名称为 "admin"、密码为 "666" 的记录。

【任务实施】

1. 创建 PyCharm 项目 "Unit08"

成功启动 PyCharm 后，在指定位置 "D:\PycharmProject\" 创建 PyCharm 项目 "Unit08"。

2. 创建 Python 程序文件 "t8-1.py"

在 PyCharm 项目 "Unit08" 中，新建 Python 程序文件 "t8-1.py"，PyCharm 窗口中显示程序文件 "t8-1.py" 的代码编辑区域，在该程序文件的代码编辑区域中自动添加了模板内容。

3. 编写 Python 代码

在文件 "t8-1.py" 的代码编辑区域中的已有模板注释内容下面输入代码，程序文件 "t8-1.py" 的代码如下所示。

```
import sqlite3
fieldName=["用户 ID","用户编号","用户名称","密码"]
userData=[(1,"2020011","admin","666"),
          (2,"2020012","better","888"),
          (3,"2020013","向前","123456"),
```

```
            (4,"2020014","寻找","123"),
            (5,"2020015","向好汉","1456")
        ]

# 创建数据表的 SQL 语句。使用 3 个双引号实现多行字符串定义，可以让程序更加清晰、规整，可读性更强
sqlCreateTable = """
Create Table if not exists 用户表 (
    用户 ID int(10) primary key,
    用户编号 varchar(10),
    用户名称 varchar(30),
    密码 varchar(20)
)
"""
def getInsertSql():
    # SQL 插入语句
    strInsert = """
    insert into 用户表 (
            用户 ID,用户编号,用户名称,密码)
        values(?,?,?,?)
    """
    return strInsert


def execInsert():
    i=0
    for item in userData:
        i+=1
        print("插入第",i,"条记录,数据为:",item[0],item[1],item[2],item[3])
        cursor.execute(getInsertSql(), (item[0], item[1], item[2], item[3]))
try:
    # 连接 SQLite 数据库
    # 数据库文件是"电子商务.db",如果该文件不存在,会自动在当前文件夹中创建
    conn = sqlite3.connect("电子商务.db")
    # 创建一个游标对象
    cursor = conn.cursor()
    cursor.execute("drop table if exists 用户表")
    # 执行 SQL 语句
    cursor.execute(sqlCreateTable)
    execInsert()
    conn.commit()
    strSelect = "select * from 用户表 where 用户名称=? and 密码=?"
    cursor.execute(strSelect, ("admin", "666"))
    cursor.execute("select * from 用户表")
    rows=cursor.fetchall()
    print("数据表"用户表"的记录数量:",len(rows))
except Exception as error:
    print(error)
finally:
    # 关闭游标
    cursor.close()
    # 关闭连接对象
    conn.close()
```

单击工具栏中的【保存】按钮，保存程序文件"t8-1.py"。

4. 运行 Python 程序

在 PyCharm 窗口中选择【运行】菜单，在弹出的下拉菜单中选择【运行】命令。在弹出的【运行】对话框中选择【t8-1】选项，程序文件"t8-1.py"开始运行。程序文件"t8-1.py"的运行结果如下。

```
插入第 1 条记录,数据为: 1 2020011 admin 666
插入第 2 条记录,数据为: 2 2020012 better 888
```

```
插入第 3 条记录, 数据为: 3 2020013 向前 123456
插入第 4 条记录, 数据为: 4 2020014 寻找 123
插入第 5 条记录, 数据为: 5 2020015 向好汉 1456
数据表"用户表"的记录数量: 5
```

【任务 8-2】查询、更新、删除 SQLite 数据表中的数据

【任务描述】

（1）在项目"Unit08"中创建 Python 程序文件"t8-2.py"。

（2）在程序文件"t8-2.py"中自定义多个函数：initDb() 函数用于创建数据库文件"电子商务 .db"和一个游标对象；getSelectSql() 函数用于返回 SQL 查询语句；getUserInfo() 函数用于获取包含指定用户名称和密码的记录数；getUpdateSql() 函数用于返回 SQL 修改语句；getDeleteSql() 函数用于返回满足指定条件的 SQL 删除语句。

（3）连接 SQLite 数据库"电子商务 .db"。

（4）从数据表"用户表"中查询符合指定条件的记录。

（5）将数据表"用户表"中用户 ID 为"1"的记录对应的密码修改为"666"。

（6）删除数据表"用户表"中用户名称为"向前"的记录。

【任务实施】

1. 创建 Python 程序文件"t8-2.py"

在 PyCharm 项目"Unit08"中，新建 Python 程序文件"t8-2.py"，PyCharm 窗口中显示程序文件"t8-2.py"的代码编辑区域，在该程序文件的代码编辑区域中自动添加了模板内容。

2. 编写 Python 代码

在文件"t8-2.py"的代码编辑区域中的已有模板注释内容下面输入代码，程序文件"t8-2.py"的代码如下所示。

```python
import sqlite3
def initDb():
    # 数据库文件是"电子商务 .db", 如果该文件不存在, 会自动在当前文件夹中创建
    conn = sqlite3.connect(" 电子商务 .db")
    # 创建一个游标对象
    cursor = conn.cursor()
    return conn,cursor


def getSelectSql(condition):
    #SQL 查询语句
    strSelect="select * from 用户表 " +condition
    return strSelect


def getUserInfo(name,password):
    # SQL 查询语句
    strSelect = "select 用户名称, 密码 from 用户表 \
                where 用户名称 =? and 密码 =?"
    cursor.execute(strSelect,(name,password))
    rows=cursor.fetchall()
    n=len(rows)
    return n


def getUpdateSql():
```

```
    # SQL 修改语句
    strUpdate="update 用户表 set 密码=? where 用户ID=?"
    return strUpdate

def getDeleteSql(condition):
    # SQL 删除语句
    strDelete="delete from 用户表 " +condition
    return strDelete

try:
    # 连接 SQLite 数据库
    conn, cursor = initDb()     # 初始化 pymysql
    # 查看查询语句的运行结果
    cursor.execute(getSelectSql("where 用户名称 ==?"),("admin",))
    rows=cursor.fetchmany()
    print(" "用户表" 符合条件的查询结果记录数：", len(rows))
    num = getUserInfo("better", "888")
    print(" "用户表" 符合条件的查询结果记录数：", num)
    # 查看修改语句的运行结果
    cursor.execute(getUpdateSql(),("666",1))
    cursor.execute(getSelectSql(""))
    rows = cursor.fetchmany(3)
    print(" "用户表" 修改的记录数：", len(rows))
    # 查看删除语句的运行结果
    cursor.execute(getDeleteSql("where 用户名称 =?"),(" 向前 ",))
    cursor.execute(getSelectSql(""))
    rows=cursor.fetchall()
    print(" "用户表" 删除的记录数：", len(rows))
except Exception as error:
    print(error)
finally:
    # 关闭游标
    cursor.close()
    # 关闭连接对象
    conn.close()
```

单击工具栏中的【保存】按钮，保存程序文件 "t8-2.py"。

3. 运行 Python 程序

在 PyCharm 窗口中选择【运行】菜单，在弹出的下拉菜单中选择【运行】命令。在弹出的【运行】对话框中选择【t8-2】选项，程序文件 "t8-2.py" 开始运行。程序文件 "t8-2.py" 的运行结果如下。

```
"用户表" 符合条件的查询结果记录数：1
"用户表" 符合条件的查询结果记录数：1
"用户表" 修改的记录数：3
"用户表" 删除的记录数：4
```

8.2 创建与使用 MySQL 数据表

8.2.1 连接 MySQL 数据库

在 Windows 命令提示符窗口的提示符 ">" 后输入命令 "MySQL –u root –p"，按【Enter】键后，输入正确的密码，当提示符变为 "MySQL>" 时，表示已经成功登录 MySQL 服务器。

在连接数据库前，先创建一个数据库 "testdb"，在提示符 "MySQL>" 后面输入以下创建数据库"testdb"的语句。

```
create database if not exists testdb;
```

接下来可以连接 MySQL 数据库。

【实例 8-6】演示使用 pymysql 的 connect() 方法连接 MySQL 数据库

实例 8-6 的代码如下所示。

```
import pymysql
# 参数1为主机名或IP；参数2为用户名；参数3为密码；参数4为数据库名称
conn = pymysql.connect("localhost", "root", "123456", "testdb")
# 使用 cursor() 方法创建一个游标对象
cursor = conn.cursor()
# 使用 execute() 方法执行SQL查询
cursor.execute("Select Version()")
# 使用 fetchone() 方法获取单条数据
data = cursor.fetchone()
print ("Database version: ", data)
# 关闭数据库连接
conn.close()
```

在实例 8-6 的代码中，首先使用 connect() 方法连接数据库，然后使用 cursor() 方法创建游标，接着使用 execute() 方法执行 SQL 语句查看 MySQL 数据库版本，再使用 fetchone() 方法获取数据，最后使用 close() 方法关闭数据库连接。

实例 8-6 代码的运行结果如下。

```
Database version: ('8.0.19',)
```

【提示】在提示符"MySQL>"后面输入"exit"命令并按【Enter】键就可以退出 MySQL。

8.2.2　创建 MySQL 数据表

数据库连接成功以后，就可以在数据库中创建数据表了。创建数据表需要使用 execute() 方法。

【实例 8-7】演示 MySQL 数据表"student"的创建方法

实例 8-7 的代码如下所示。

```
import pymysql

# 打开数据库连接
conn = pymysql.connect("localhost", "root", "123456", "testdb")
# 使用 cursor() 方法创建一个游标对象
cursor = conn.cursor()
# 使用 execute() 方法执行SQL语句，如果"student"表已存在则删除
cursor.execute("drop table if exists student")
# 使用预处理语句创建表
sql = """create table student
(
    ID int(4)  not null,
    name varchar(30) not null,
    sex varchar(2) not null,
    nation varchar(30) null
);
"""
cursor.execute(sql)
# 关闭数据库连接
conn.close()
```

实例 8-7 的代码成功运行，则表示在数据库"testdb"中成功创建了数据表"student"。

"student"数据表的字段有 ID（序号）、name（姓名）、sex（性别）、nation（民族）。创建"student"数据表的 SQL 语句如下。

```
create table student
(
    ID int(4)  not null,
    name varchar(30) not null,
    sex varchar(2) not null,
    nation varchar(30) null
);
```

在创建数据表之前，如果数据表"student"已经存在，则要先使用以下语句删除原有数据表"student"，然后再创建 student 数据表，对应的 SQL 语句如下。

```
drop table if exists student
```

8.2.3　MySQL 数据表的插入操作

使用 insert 语句可以向数据表中插入记录。

【实例 8-8】演示使用 insert 语句向数据表"student"中插入记录

实例 8-8 的代码如下所示。

```
import pymysql
# 打开数据库连接
conn = pymysql.connect("localhost", "root", "123456", "testdb")
# 使用 cursor() 方法获取操作游标
cursor = conn.cursor()
# SQL 插入语句
sql = """insert into student(ID,name,sex,nation)
        values("1","张山", "男", "汉族")
    """
try:
    # 执行 SQL 语句
    cursor.execute(sql)
    # 提交到数据库执行
    conn.commit()
except:
    # 如果发生错误则回滚
    conn.rollback()
# 关闭数据库连接
conn.close()
```

实例 8-8 的代码成功运行，则表示向数据表"student"中成功插入一条记录。

【实例 8-9】演示使用带参数的 insert 语句向数据表"student"中插入记录

实例 8-9 的代码如下所示。

```
import pymysql

# 打开数据库连接
conn = pymysql.connect("localhost", "root", "123456", "testdb")
# 使用 cursor() 方法获取操作游标
cursor = conn.cursor()
# SQL 插入语句
try:
    # 执行 SQL 语句
    cursor.execute("insert into student(ID,name,sex,nation)  \
                values(%s,%s,%s,%s)" , ("2","丁好","男","汉族"))
```

```
    # 提交到数据库执行
    conn.commit()
except:
    # 如果发生错误则回滚
    conn.rollback()
# 关闭数据库连接
conn.close()
```

实例 8-9 的代码成功运行,则表示使用带参数的 insert 语句向数据表"student"中成功插入一条记录。

实例 8-9 中使用"s%"作为占位符,防止 SQL 注入,而参数值以元组形式传递给占位符。

8.2.4　MySQL 数据表的查询操作

在 Python 中查询 MySQL 数据表时,使用 fetchone() 方法可获取数据表中的一条记录,使用 fetchall() 方法可获取数据表中的多条记录。只读属性 rowcount 可用于返回执行 execute() 方法后影响的行数。

【实例 8-10】演示从数据表"student"中查询所有男学生的记录

实例 8-10 的代码如下所示。

```
import pymysql

# 打开数据库连接
conn = pymysql.connect("localhost", "root", "123456", "testdb")

# 使用 cursor() 方法获取操作游标
cursor = conn.cursor()
# SQL 查询语句
sql = "select ID,name,sex,nation from student where sex=%s "
try:
    # 执行 SQL 语句
    cursor.execute(sql,('男'))
    # 获取所有记录的列表
    results = cursor.fetchall()
    print("序号　姓名　性别　民族:")
    for row in results:
        ID=row[0]
        name = row[1]
        sex = row[2]
        nation = row[3]
        # 输出结果
        print(" {0}    {1}    {2}    {3}" \
                .format(ID,name,sex,nation))
except:
    print("error: unable to fetch data")
# 关闭数据库连接
conn.close()
```

实例 8-10 代码的运行结果如下。

```
序号　姓名　性别　民族:
 1    张山    男    汉族
 2    丁好    男    汉族
```

8.2.5　MySQL 数据表的更新操作

更新操作用于更新数据表中的数据。

【实例8-11】演示将数据表"student"中"丁好"的性别修改为"女"

实例8-11的代码如下所示。

```python
import pymysql
# 打开数据库连接
conn = pymysql.connect("localhost", "root", "123456", "testdb")
# 使用cursor()方法获取操作游标
cursor = conn.cursor()
# SQL更新语句
sql = "update student set sex = '女' where name = %s"
try:
    # 执行SQL语句
    cursor.execute(sql, ('丁好'))
    # 提交到数据库执行
    conn.commit()
except:
    # 发生错误时回滚
    conn.rollback()
# 关闭数据库连接
conn.close()
```

实例8-11的代码成功运行，则表示在数据表"student"中成功修改了数据。

8.2.6　MySQL数据表的删除操作

删除操作用于删除数据表中的数据。

【实例8-12】演示删除数据表"student"中姓名为"丁好"的记录

实例8-12的代码如下所示。

```python
import pymysql
# 打开数据库连接
conn = pymysql.connect("localhost", "root", "123456", "testdb")
# 使用cursor()方法获取操作游标
cursor = conn.cursor()
# SQL删除语句
sql = "delete from student where 姓名 = %s"
try:
    # 执行SQL语句
    cursor.execute(sql, ('丁好'))
    # 提交修改
    conn.commit()
except:
    # 发生错误时回滚
    conn.rollback()
# 关闭数据库连接
conn.close()
```

实例8-12的代码成功运行，则表示从数据表"student"中成功删除了一条记录。

【任务8-3】创建"books"数据表并显示数据表的结构信息

【任务描述】

（1）在项目"Unit08"中创建Python程序文件"t8-3.py"。

（2）连接已存在的MySQL数据库"eCommerce"。

（3）在MySQL数据库"eCommerce"中创建数据表"books"。

（4）输出数据表"books"的结构信息。

【任务实施】

在 PyCharm 项目"Unit08"中创建 Python 程序文件"t8-3.py"。在程序文件"t8-3.py"中编写代码，实现所需功能，程序文件"t8-3.py"的代码如下所示。

```python
import pymysql
# 打开数据库连接
conn = pymysql.connect(host="localhost", user="root", password="123456",
database="eCommerce")
# 使用 cursor() 方法创建一个游标对象
cursor = conn.cursor()
# 使用 execute() 方法执行SQL语句
cursor.execute("drop table if exists books") # 如果数据表"books"已存在，删除该数据表
# 使用预处理语句创建表
sql = """
create table if not exists books (
  商品ID integer(8) not null auto_increment,
  商品编号 varchar(12) not null,
  图书名称 varchar(50) not null,
  价格 decimal(8,2) default null,
  ISBN varchar(13) not null,
  作者 varchar(30) null,
  出版社 varchar(12) null,
  出版日期 varchar(10) default null,
  版次 int(1),
  primary key ( 商品ID)
) engine=myIsam auto_increment=1 default charset=utf8;
"""
# 执行SQL语句
try:
    cursor.execute(sql)
except Exception as error:
    print(error)
# 使用 execute() 方法执行SQL查询语句
cursor.execute("select * from books")
# 使用 fetchall() 方法获取数据表的全部记录
data = cursor.fetchall()
print(" 数据表中的记录数: ",len(data))
# 显示每列的详细信息
desc = cursor.description
for item in desc:
    print(" 数据的结构信息: ", item)
# 获取表头
print(" 数据表的字段名: ", ",".join([item[0] for item in desc]))
# 关闭数据库连接
conn.close()
```

程序文件"t8-3.py"的运行结果如下。

```
数据表中的记录数: 0
数据的结构信息: ('商品ID', 3, None, 8, 8, 0, False)
数据的结构信息: ('商品编号', 253, None, 48, 48, 0, False)
数据的结构信息: ('图书名称', 253, None, 200, 200, 0, False)
数据的结构信息: ('价格', 246, None, 10, 10, 2, True)
数据的结构信息: ('ISBN', 253, None, 52, 52, 0, False)
数据的结构信息: ('作者', 253, None, 120, 120, 0, True)
数据的结构信息: ('出版社', 253, None, 48, 48, 0, True)
数据的结构信息: ('出版日期', 253, None, 40, 40, 0, True)
数据的结构信息: ('版次', 3, None, 1, 1, 0, True)
数据表的字段名: 商品ID,商品编号,图书名称,价格,ISBN,作者,出版社,出版日期,版次
```

执行MySQL事务

事务机制可以确保数据的一致性。事务应该具有4个属性：原子性、一致性、隔离性、持久性。这4个属性通常称为ACID特性。

（1）原子性（Atomicity）。一个事务是一个不可分割的工作单位，事务中的诸操作要么都做，要么都不做。

（2）一致性（Consistency）。执行事务必须使数据库从一个一致性状态变为另一个一致性状态。一致性与原子性是密切相关的。

（3）隔离性（Isolation）。一个事务的执行不能被其他事务干扰。即一个事务内部的操作及使用的数据与并发的其他事务是隔离的，并发执行的各个事务之间不能互相干扰。

（4）持久性（Durability）。持久性也称永久性（Permanence），指一个事务一旦提交，对数据库中数据的改变就应该是永久性的，接下来的其他操作或故障不应该对其有任何影响。

对于支持事务的数据库，在进行Python数据库编程时，创建游标时就会自动开始一个隐形的数据库事务。

Python db API 2.0的事务提供了两个方法commit()、rollback()，任何一个方法都会开始一个新的事务。commit()方法用于执行游标所有的更新操作，rollback()方法用于回滚当前游标的所有操作。

单元测试

1. 选择题

（1）如果有这样一段代码，使用connect()方法返回一个连接对象conn，接着使用连接对象conn的cursor()方法返回一个游标对象cur，那么使用cur对象的（　　）方法才能获得结果集中的所有行。

    A. fetchmany()　　B. fetchone()　　C. fetchall()　　D. executemany()

（2）在Python中创建数据表时，使用sqlite3的（　　）方法创建连接对象。

    A. connect()　　B. cursor()　　C. execute()　　D. close()

（3）在Python中创建数据表时，使用连接对象的（　　）方法获取游标对象。

    A. connect()　　B. cursor()　　C. execute()　　D. close()

（4）在Python中创建数据表时，使用游标对象的（　　）方法执行SQL语句。

    A. connect()　　B. cursor()　　C. execute()　　D. close()

（5）在Python 3中用于连接MySQL服务器的模块是（　　）。

    A. MySQLdb　　B. MySQL　　C. pymysql　　D. sqlite3

（6）在select查询语句中，使用问号"?"作为占位符代替具体的字段值，然后使用一个（　　）来替换问号。

　　A．列表　　　　　　B．元组　　　　　　C．字典　　　　　　D．字符串

（7）SQL 查询语句 "select * from teacher where ID>2" 与以下哪一条语句等价？（　　　）

　　A．"select * from teacher where ID>?", (2)

　　B．"select * from teacher where ID>%s", (2,)

　　C．"select * from teacher where ID>?", (2,)

　　D．"select * from teacher where ID>?", [2]

（8）有一个游标对象 cursor，使用该游标对象的 execute() 方法将数据表"teacher"中 ID 为 3 的姓名更新为"夏丽"，正确的语句是（　　　）。

　　A．cursor.execute("update teacher set name=? where ID=?", (' 夏丽 ', 3))

　　B．cursor.execute("update teacher set name=? where ID=?", [' 夏丽 ', 3])

　　C．cursor.execute("update teacher set name=%s where ID=%s", (' 夏丽 ', 3))

　　D．cursor.execute("update teacher set name=* where ID=*", (' 夏丽 ', 3))

（9）在 Python 中查询 MySQL 数据表时，使用（　　　）方法获取数据表中的一条记录。

　　A．fetchone()　　　B．fetchall()　　　C．fetchmany()　　　D．fetch()

（10）Python db API 2.0 的事务提供的（　　　）方法用于回滚当前游标的所有操作。

　　A．commit()　　　B．rollback()　　　C．close()　　　D．back()

2．填空题

（1）Python 中用来访问和操作内置数据库 SQLite 的标准模块是＿＿＿＿。

（2）用于删除数据表"test"中所有 name 字段值为 '10001' 的记录的 SQL 语句为＿＿＿＿。

（3）Python 的标准模块＿＿＿＿提供了对 SQLite 数据库的访问接口。

（4）在 Python 中进行数据库连接时，使用＿＿＿＿方法返回一个连接对象。

（5）使用游标对象的＿＿＿＿方法来执行一条 SQL 语句。

（6）向 SQLite 3 数据表中新增数据，应使用＿＿＿＿语句。

（7）从 SQLite 3 数据表中获取所需的数据后，使用连接对象的＿＿＿＿方法关闭连接对象。

（8）使用 select 查询语句查询 SQLite 数据表中的数据时，使用＿＿＿＿作为占位符代替具体的字段值。

（9）在 Python 中查询 MySQL 数据表时，使用＿＿＿＿方法获取数据表中的多条记录。

（10）使用带参数的 insert 语句向 MySQL 数据表"student"中插入记录时，可以使用＿＿＿＿作为占位符。

3．判断题

（1）Python 只能使用内置数据库 SQLite，无法访问 MS SQLServer、Oracle、MySQL 等数据库。（　　　）

（2）SQLite 是一种嵌入式数据库，它的数据库就是一个文件。（　　　）

（3）Python 内置了 sqlite3 模块，在 Python 中使用 SQLite，不需要额外安装任何模块，可以直接使用。（　　　）

（4）使用 sqlite3.connect() 方法连接 SQLite 数据库文件"dbtest.db"，如果该文件并不存在，必须先创建数据库文件"dbtest.db"。　　　　　　　　　　　　　　　　　　（　　）

（5）对于支持事务的数据库，在进行 Python 数据库编程时，创建游标时会自动开始一个隐形的数据库事务。　　　　　　　　　　　　　　　　　　　　　　　　　　　（　　）

（6）Python db API 2.0 的事务提供的 commit() 方法用于执行游标所有的更新操作。

（　　）

（7）事务机制的原子性是指一个事务是一个不可分割的工作单位，事务中的诸操作要么都做，要么都不做。　　　　　　　　　　　　　　　　　　　　　　　　　　　　　（　　）

（8）当有数据处理错误发生时会触发 DatabaseError 异常。　　　　　　　（　　）

（9）MySQL 数据库连接成功后，可以使用 execute() 方法执行 SQL 语句创建一个数据表。

（　　）

（10）可以使用 executemany() 方法向 MySQL 数据表中批量添加多条记录。　（　　）

单元9
基于Flask框架的Web程序设计

09

Flask诞生于2010年，是使用Python基于Werkzeug工具箱编写的轻量级Web开发框架。Flask本身相当于一个内核，其几乎所有的功能都需要使用第三方的扩展来实现。例如可以使用Flask扩展实现ORM（Object Relational Mapping，对象关系映射）、窗体验证、文件上传、身份验证等功能。Flask没有默认使用的数据库，可以选择MySQL，也可以用NoSQL。

Flask的两个主要核心应用是路由模块Werkzeug和模板引擎Jinja2。Flask相对于Django而言是轻量级的Web框架。和Django不同，Flask轻巧、简洁，通过定制第三方扩展来实现具体功能。本单元主要学习应用Flask框架进行Web程序设计。

 知识入门

1. Flask 的扩展包

Flask 的主要扩展包如下。

（1）Flask-SQLalchemy：用于操作数据库。

（2）Flask-migrate：用于管理迁移数据库。

（3）Flask-Mail：用于实现邮件功能。

（4）Flask-WTF：用于实现表单功能。

（5）Flask-script：用于插入脚本。

（6）Flask-Login：作用判断用户状态。

（7）Flask-RESTful：提供开发 REST API 的工具。

（8）Flask-Bootstrap：用于集成前端 Twitter Bootstrap 框架。

（9）Flask-Moment：用于本地化日期和时间。

2. Flask 的安装

使用 pip 命令安装 Flask，具体安装命令如下。

```
python -m  pip install flask
```

如果要指定 Flask 版本，可以使用以下命令。

```
python -m  pip install flask==0.12.4
```

循序渐进

9.1　创建与运行 Flask 程序

9.1.1　在 PyCharm Professional Edition 中创建 Flask 项目

（1）启动 PyCharm Professional Edition，进入 PyCharm Professional Edition 的集成开发环境。

（2）在 PyCharm 窗口中选择【文件】菜单，然后选择【新建项目】命令，打开【新建项目】对话框，该对话框左侧列出很多项目模板，这里选择【Flask】，在"位置"输入框中输入 Flask 项目的存放位置和名称，例如"D:\PycharmProject\Unit09\9-1"，并完成其他的设置，如图 9-1 所示。

也可以在输入框右侧单击【浏览】按钮，在弹出的【选择基目录】对话框中直接选择项目存放位置，例如"D:\PycharmProject\Unit09"，然后单击【确定】按钮返回【新建项目】对话框，并输入项目名称，例如"\9-1"。

图9-1　【新建项目】对话框

Flask 项目的存放位置、名称、其他的设置都完成后，在【新建项目】对话框中单击【创建】按钮，在弹出的【打开项目】对话框中单击【新窗口】按钮，如图 9-2 所示，即在新的窗口中打开创建的 Flask 项目。

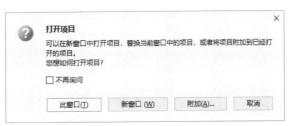

图9-2　在【打开项目】对话框中单击【新窗口】按钮

这时会打开一个新的 PyCharm 窗口，在其中完成后续工作，例如创建虚拟环境、激活环境等，然后安装 Flask 相关文件与配置 Flask 项目，此时从显示【正在确保 Flask 已安装】对话框，【正在确保 Flask 已安装】对话框如图 9-3 所示。

图9-3　【正在确保Flask已安装】对话框

Flask 相关文件安装与 Flask 项目配置完成后，PyCharm 将自动生成一个精简的 Flask 项目模板，如图 9-4 所示。

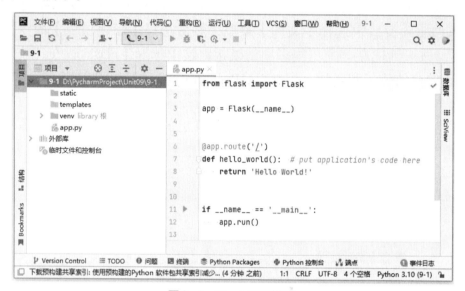

图9-4　Flask项目模板

其中，"app.py" 文件是入口程序，"static" 文件夹用于存放 CSS 样式文件、图片文件等静态文件，"templates" 文件夹是模板存放的位置，即存放网页文件的文件夹。

9.1.2　创建简单的 Flask 程序

Flask 程序也是 Python 程序，其文件扩展名为 ".py"。

【实例 9-1】创建一个简单的 Flask 程序，输出 "Happy to learn Python"

实例 9-1 的代码如下所示。

```
from flask import Flask          # 导入 Flask 模块
app = Flask(__name__)            # 创建 Flask 对象

@app.route('/')
def index():
    return "Happy to learn Python"

if __name__ == '__main__':
    app.run()
```

实例 9-1 代码的运行结果如图 9-5 所示。

图9-5　实例9-1代码的运行结果

在浏览器中输入网址"http://127.0.0.1:5000/"，运行结果如图9-6所示。

图9-6　在页面中输出"Happy to learn Python"的效果

实例9-1中创建Flask类的代码为：Flask(__name__)，这里的参数为__name__。

代码@app.route('/')使用route()装饰器告诉Flask什么样的URL能够触发调用函数index()，该函数用于返回想要显示在浏览器中的信息。

代码app.run()调用方法run()来让应用程序运行在本地服务器上，代码"if __name__ == '__main__':"用于确保服务器只在该程序被Python解释器直接执行的时候运行，而不在作为模块导入的时候执行。

如果调用方法run()时需要指定服务器IP和端口，则可以添加服务器IP和端口参数，代码如下：app.run(host='127.0.0.1', port=5000)。

9.1.3　开启调试模式

虽然run()方法适用于启动本地的服务器，但是每次代码被修改后都需要手动重启它，即调用方法run()让程序再次运行时不会自动载入修改后的内容。

Flask内置了调试模式，可用于自动重载代码并显示调试信息，有多种方法可以开启调试模式。

方法一：将FLASK_DEBUG环境变量的值设置为1。

方法二：

```
app.debug=True
app.run()
```

方法三：

```
app.run( debug=True )
```

开启调试模式后，修改代码，然后再次运行程序，会发现Flask会自动重启。

9.2　路由

客户端（如 Web 浏览器）把请求发送给 Web 服务器，Web 服务器再把请求发送给 Flask 程序实例。程序实例需要知道对每个 URL 请求运行哪些代码，所以会保存 URL 到 Python 函数的映射关系。处理 URL 和函数之间关系的代码称为路由。

在 Flask 程序中定义路由的一种最简便方式是使用程序实例提供的 app.route() 装饰器，把修饰的函数注册为路由。装饰器是 Python 的标准特性，可以使用不同的方式修改函数的行为，常用方法是使用装饰器把函数注册为事件的处理程序。

9.2.1　访问路径

Flask 程序可以以访问路径的形式设置访问路由，访问路径设置的基本语法格式如下。

```
@app.route('/path')
```

其中，path 表示浏览网页时在 "http://127.0.0.1:5000/" 后面添加的路径值，例如 "test"。

【实例 9-2】创建 Flask 程序，演示访问路径的使用方法

实例 9-2 的代码如下所示。

```
from flask import Flask        # 导入 Flask 模块
app = Flask(__name__)          # 创建 Flask 对象
@app.route('/')
def index():
    return "访问网站首页"


@app.route('/test')
def printInfo():
    return "Happy to learn Python"


if __name__ == '__main__':
    app.run()
```

运行实例 9-2 的代码，在浏览器中输入网址 "http://127.0.0.1:5000/"，页面中输出文字 "访问网站首页"。

然后在浏览器中输入网址 "http://127.0.0.1:5000/test"，页面中将输出文字 "Happy to learn Python"。

9.2.2　路径变量

如果希望获取 "/path/2" 这样的路径参数，就需要使用路径变量。路径变量的基本语法格式如下。

```
/path/<converter:variable_ame>。
```

为路由设置传递参数有两种方式。

1. 没有限定数据类型

语法格式为：/path/< variable_ame>。

2. 有限定数据类型

语法格式为：/path/< converter:variable_ame>，即在变量名称前加数据类型。

路径变量前常用的数据类型及作用如表 9-1 所示。

表9-1 路径变量前常用的数据类型及作用

序号	数据类型	作用
1	string	默认数据类型，接收除了斜杠之外的所有字符串
2	int	接收整数
3	float	接收浮点数
4	path	和 string 类似，但可以接收带斜杠的字符串
5	any	用于匹配任何一种转换器
6	uuid	接收 UUID 字符串

【实例 9-3】创建 Flask 程序，演示路径变量与限定数据类型的使用方法

实例 9-3 的代码如下所示。

```python
from flask import Flask          # 导入 Flask 模块
app = Flask(__name__)            # 创建 Flask 对象
@app.route('/book/<book_name>')
def book_info(book_name):
    return "图书名称: "+ book_name

@app.route('/user/<int:user_id>')
def user_info(user_id):
    return "用户 ID: " + str(user_id)

if __name__ == '__main__':
    app.run()
```

运行实例 9-3 的代码，在浏览器中输入网址 "http://127.0.0.1:5000/Python 程序设计"，页面中输出文字 "图书名称：Python 程序设计"。

然后在浏览器中输入网址 "http://127.0.0.1:5000/user/2"，页面中输出文字 "用户 ID：2"。

9.2.3 构造 URL

在 Flask 程序中给指定函数构造 URL 的基本语法格式如下。

```
url_for('函数名称', 命名参数)
```

例如：url_for('index')、url_for('profile',username='admin')。

【实例 9-4】创建 Flask 程序，演示给指定函数构造 URL 的方法

实例 9-4 的代码如下所示。

```python
from flask import Flask,url_for
app = Flask(__name__)
@app.route('/')
def index():
    pass
@app.route('/login')
def login():
    pass
@app.route('/user/<username>')
def profile(username):
    pass
```

```
with app.test_request_context():
    print( url_for('index'))
    print( url_for('login'))
    print( url_for('login',id='2'))
    print( url_for('profile',username='admin'))
```

实例 9-4 代码的运行结果如下。

```
/
/login
/login?id=2
/user/admin
```

9.2.4　HTTP 请求方式

HTTP 访问 URL 的请求方式有多种，常用的有 GET、POST 等。对于 GET 请求，浏览器告诉服务器只获取页面上的信息并发给服务器；对于 POST 请求，浏览器告诉服务器想在 URL 上发布新信息，并且由于 POST 请求只触发一次，服务器必须确保数据已经存储且仅存储一次，这是 HTML 表单通常发送数据到服务器使用的方法。

默认情况下，路由只回应 GET 请求，但是通过 route() 装饰器传递 methods 参数可以进行改变，告知服务器客户端想对请求的页面做些什么。

示例如下。

```
from flask import request
@app.route("/login", methods=['GET', 'POST'])
def login():
    if request.method == 'POST':
        pass
    else:
        pass
```

request 对象是一个全局对象，利用它的属性和方法，可以方便地获取从页面传递过来的参数。该对象的 method 属性用于返回 HTTP 的请求方式，例如 POST 和 GET。

9.3　静态文件与模板生成

9.3.1　静态文件

Web 程序中常常需要处理静态文件，静态文件主要包括 CSS 样式文件、JavaScript 脚本文件、图片文件、字体文件等静态资源。

在 Flask 程序中需要使用 url_for() 函数并指定相应文件夹名称和静态文件名称。在包或模块所在的文件夹中创建一个名为"static"的文件夹，然后在程序中使用"static"即可访问静态文件。例如引入文件夹"static"中的 CSS 样式文件"style.css"的代码如下。

```
url_for('static' , filename='style.css')
```

在页面中引入静态文件的示例代码如下。

```
<link type="text/css" href="{{url_for('static',filename='css/base.css')}}" >
<script type="text/javascript"  src="{{url_for('static',filename='js/base.js')}}">
</script>
<img src="{{ url_for('static', filename='static/hh.jpg') }} " alt="" title=""/>
```

9.3.2　生成 Flask 模板

Flask 默认使用 Jinja2 作为模板，会自动配置 Jinja 模板，所以不需要进行其他配置。默认情况下，Flask 程序的模板文件放在"templates"文件夹中。Jinja 模板是简单的纯文本文件，一般用 HTML 来编写。

1. render_template() 方法

使用 Jinja 模板时，只需要使用 render_template() 方法传入模板文件名和参数名即可，该方法的基本语法格式如下。

```
render_template(模板文件名称, [关键字参数])
```

其中，第 1 个参数是模板文件名，第 2 个参数是可选参数，表示键值对象。

示例如下。

```
return render_template('showText.html')
render_template('11-5.html',name=username)
```

name=username 是关键字参数，name 表示参数名，与模板文件的变量名相同，username 是当前作用域中的变量，表示同名参数的值。

2. Flask 模板的基本结构

Flask 模板的基本结构有以下几种。

（1）{{ }}。

用于装载一个变量，渲染模板的时候，会使用同名参数传进来的值将其替换掉。

例如 {{ name }}，变量 name 会使用渲染模板时的同名参数 name 传进来的值替换。

（2）{% %}。

用于装载一个控制语句。

例如 {% if name %}、{% else %}、{% endif %}。

（3）{# #}。

用于添加一个注释，渲染模板的时候会忽视两个"#"中间的值。

例如：{# 用户还没有登录 #}。

3. Flask 模板的参数传递

渲染模板时有以下两种传递参数的方式。

（1）使用"变量名称 =' 变量值 '"传递一个参数。

例如：render_template('11-5.html',name=username)。

（2）使用字典组织多个参数，并且通过两个"*"将其转换成关键字参数传入。

例如：return render_template('about.html' , **{'user':'username'})。

4. Flask 模板中的变量定义

（1）在模板中使用 set 语句定义全局变量。

在 Flask 模板内部可以使用 set 语句定义全局变量，变量定义之后的代码才可以使用这个变量。在解释性语言中，变量的类型是运行时确定的，因此，这里的变量可以赋任何类型的值。

例如 {% set name='xx' %}。

上面的语句创建的是全局变量。

（2）使用 with 语句定义局部变量。

在 Flask 模板中，如果想让定义的变量只在某范围内有效，则需要使用 with 语句定义局部变量，with 语句中定义的变量，只能在 with 语句内部使用，超出范围无效。

示例如下。

```
{% with num= 2 %}
    {{ num }}
{% endwith %}
```

这样，num 变量就只能在 with 语句内使用。

在 Flask 模板中，也可以使用 with 语句来创建一个局部变量，将 set 语句放在 with 语句内部，这样创建的变量只在 with 语句内有效。

示例如下。

```
{% with %}
    {% set num=2 %}
    {{ num }}
{% endwith %}
```

【任务 9-1】在网页中显示文本信息与图片

【任务描述】

（1）在 PyCharm 中创建 Flask 项目"9-1"，文件夹"9-1"中会自动创建两个子文件夹"static"和"templates"。

（2）在文件夹"templates"中创建两个网页文件，分别命名为"showText.html"和"showImage.html"，在网页中分别显示文本信息和图片。

（3）在项目"Unit09"中创建 Python 程序文件"t9-1.py"，在程序中调用 render_template() 方法加载网页文件。

【任务实施】

1. 创建 Flask 项目"9-1"

成功启动 PyCharm 后，在指定位置"D:\PycharmProject\Unit09"创建 Flask 项目"9-1"。

2. 创建 Python 程序文件"t9-1.py"

在 Flask 项目"9-1"中，新建 Python 程序文件"t9-1.py"，然后在 PyCharm 窗口中打开程序文件"t9-1.py"的代码编辑区域，在该代码编辑区域输入代码，程序文件"t9-1.py"的代码如下所示。

```
from flask import Flask, render_template
app = Flask(__name__)


@app.route('/text')
```

```
def showText():
    return render_template('showText.html')

@app.route('/image')
def showImage():
    return render_template('showImage.html')

if __name__ == '__main__':
    app.run()
```

3. 创建两个网页文件

在文件夹"templates"中创建两个网页文件,分别命名为"showText.html"和"showImage.html"。

网页文件"showText.html"的代码如下所示。

```
<!DOCTYPE html>
<html lang="en">
<head>
    <meta charset="UTF-8">
    <title>浏览文本内容</title>
</head>
<body>
<p>阳光明媚、春意盎然、万象更新</p>
<p>The sun is shining, the spring is full of life and everything is renewed</p>
</body>
</html>
```

网页文件"showImage.html"的代码如下所示。

```
<!DOCTYPE html>
<html lang="en">
<head>
    <meta charset="UTF-8">
    <title>浏览图片</title>
</head>
<body>
<img src="{{ url_for('static', filename='hh.jpg') }} " width="400" height=
"400" alt="" title=""/>
</body>
</html>
```

单击工具栏中的【保存】按钮,分别保存程序文件"t9-1.py"和两个网页文件"showText.html""showImage.html"。

4. 运行 Flask 项目

在 PyCharm 窗口中选择【运行】菜单,在弹出的下拉菜单中选择【运行】命令。在弹出的【运行】对话框中选择【t9-1】选项,程序文件"t9-1.py"开始运行。

先在浏览器中输入网址"http://127.0.0.1:5000/text",页面中输出文字"阳光明媚、春意盎然、万象更新"和"The sun is shining, the spring is full of life and everything is renewed"。

然后在浏览器中输入网址"http://127.0.0.1:5000/image",页面中显示一张图片,结果如图 9-7 所示。

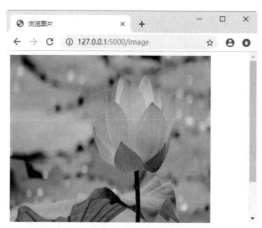

图9-7　在页面中显示图片的效果

【**实例9-5**】创建 Flask 程序，演示模板的基本结构

实例 9-5 的代码如下所示。

```
from flask import Flask,render_template
app = Flask(__name__)  #创建Flask对象

@app.route('/user/')
@app.route('/user/<username>')
def user(username=None):
    return render_template('e9-5.html',name=username)

if __name__ == '__main__':
    app.run()
```

网页文件"e9-5.html"的代码如下所示。

```
<!DOCTYPE html>
<html lang="en">
<head>
    <meta charset="UTF-8">
    <title>模板的基本结构</title>
</head>
<body>
{% if name %}
  <p>当前用户：{{ name }}</p>
{% else %}
  {# 用户还没有登录 #}
  <p>请登录！</p>
{% endif %}
</body>
</html>
```

运行实例 9-5 的代码，先在浏览器中输入网址"http://127.0.0.1:5000/user"，页面中输出文字"请登录！"。

然后在浏览器中输入网址"http://127.0.0.1:5000/user/admin"，页面中输出文字"当前用户：admin"。

【**实例9-6**】创建 Flask 程序，演示在模板中使用 set 和 with 语句定义变量的方法

实例 9-6 的代码如下所示。

```
from flask import Flask, render_template
app = Flask(__name__)
```

```
@app.route('/show')
def showVariable():
    return render_template('e9-6.html')
if __name__ == '__main__':
    app.run()
```

网页文件"e9-6.html"的代码如下所示。

```
<!DOCTYPE html>
<html lang="en">
<head>
    <meta charset="UTF-8">
    <title>在模板中使用set和with语句定义变量</title>
</head>
<body>
{% set username="张三" %}
<p>with语句前面的用户名:{{ username }}</p>

{% with username="李四" %}
<p>第1个with语句里面的用户名:{{ username }}</p>
{% endwith %}

{% with %}
  {% set username="王五" %}
  <p>第2个with语句里面的用户名:{{ username }}</p>
{% endwith %}

<p>with语句后面的用户名:{{ username }}</p>
</body>
</html>
```

实例9-6代码的运行结果如下。

```
with语句前面的用户名:张三
第1个with语句里面的用户名:李四
第2个with语句里面的用户名:王五
with语句后面的用户名:张三
```

【任务 9-2】基于 Flask 框架设计简单的用户登录程序

【任务描述】

（1）在 PyCharm 中创建 Flask 项目"9-2"，文件夹"9-2"中会自动创建两个子文件夹"static"和"templates"。

（2）在文件夹"templates"中创建一个网页文件，将其命名为"9-2.html"，在该网页中设置用户登录界面，用户登录界面主要包括输入用户名和密码的两个文本输入框、【提交】和【重置】两个按钮。

（3）在项目"9-2"中创建 Python 程序文件"t9-2.py"。在程序中首先判断 HTTP 请求方式，如果浏览器的请求方式为 POST，先获取表单输入框中的用户名和密码，如果用户名和密码都正确，则使用页面跳转方法 redirect() 打开百度首页，否则加载网页"9-2.html"，并显示"登录失败"的提示信息；如果浏览器的请求方式为 GET，则在程序中调用 render_template() 方法直接加载网页"9-2.html"，显示用户登录界面，等待用户输入用户名和密码。

【任务实施】

1. 创建 Flask 项目"9-2"

成功启动 PyCharm 后，在指定位置"D:\PycharmProject\Unit09"创建 Flask 项目"9-2"。

2. 创建 Python 程序文件"t9-2.py"

在 Flask 项目"9-2"中，新建 Python 程序文件"t9-2.py"，在 PyCharm 窗口中打开程序文件"t9-2.py"的代码编辑区域。

3. 编写 Python 代码

在文件"t9-2.py"的代码编辑区域输入代码，程序文件"t9-2.py"的代码如下所示。

```python
from flask import Flask, request, render_template, redirect
app = Flask(__name__)
# 绑定访问地址127.0.0.1:5000/login
@app.route("/login", methods=['GET', 'POST'])
def login():
    if request.method == 'POST':
        username = request.form['username']
        password = request.form['password']
        if username == "admin" and password == "123456":
            return redirect("http://www.baidu.com")
        else:
            text = "登录失败"
            return render_template('9-2.html', message=text)
    return render_template('9-2.html')

if __name__ == '__main__':
    app.run(debug=True)
```

4. 创建网页文件"9-2.html"

在文件夹"9-2"中的子文件夹"templates"中创建一个网页文件，命名为"9-2.html"。网页文件"9-2.html"的代码如下所示。

```html
<!DOCTYPE html>
<html lang="en">
<head>
    <meta charset="UTF-8">
    <title>用户登录</title>
</head>
<body>
<div align="center">
    <h2>用户登录</h2>
    {% if message %} {{message}} {% endif %}
    <form method="POST">
        <input type="text" name="username" placeholder="请输入用户名"><br/><br/>
        <input type="password" name="password" placeholder="请输入密码"><br/><br/>
        <input type="submit" value="提交">
        <input type="reset" value="重置">
    </form>
</div>
</body>
```

单击工具栏中的【保存】按钮，保存程序文件"t9-2.py"和网页文件"9-2.html"。

5. 运行 Flask 项目

在 PyCharm 窗口中选择【运行】菜单，在弹出的下拉菜单中选择【运行】命令。在弹出的【运行】对话框中选择【t9-2】选项，程序文件"t9-2.py"开始运行。

首先在浏览器中输入网址"http://127.0.0.1:5000/login"，页面中显示用户登录界面，在"用户名"输入框中输入"admin"，在"密码"输入框中输入"123456"，如图 9-8 所示；然后单击【提交】按钮，如果登录失败，则在页面中会显示"登录失败"的提示文字，如果成功登录，则会打开百度首页。

图9-8　在用户登录界面输入用户名和密码

 知识扩展

1. Flask 的重定向

redirect() 方法用于重定向。

例如重定向到百度首页，代码如下。

```
from flask import Flask , request , redirect
@app.route("/user")
def user():
    # 页面跳转方法 redirect() 就是 response 对象的页面跳转的封装
    return redirect("http://www.baidu.com")
```

2. Flask 的模板标签

Jinja 模板和其他编程语言框架的模板类似，也是通过某种语法将网页文件中的特定元素替换为实际的值。Jinja 模板的代码块需要包含在 {% %} 中，例如下面的代码。

```
{% extends 'base.html' %}
{% block title %}主页{% endblock %}
{% block body %}
    <div class="foot">
        <h1>主页</h1>
    </div>
{% endblock %}
```

一对大括号中的内容不会被转义，所有内容都会原样输出，它常常和其他辅助函数一起使用。

示例如下。

```
<a class="navbar" href={{ url_for('index') }}>返回主页</a>
```

 **单元测试**

1. 选择题

（1）创建 Flask 对象正确的语句是（　　）。

　　A.　app = Flask(__name__)　　　　　　B.　app = Flask(name)

  C. app.run()   D. app = Class(Flask)

（2）Flask 程序中定义了如下 route() 装饰器和函数 index()。

```
@app.route('/')
def index():
    return "Happy to learn Python"
```

以上程序运行时，在浏览器中应输入的网址是（   ）。

  A. http://127.0.0.1:8000/index B. http://127.0.0.1:5000/

  C. http://127.0.0.1   D. http://127.0.0.1:5000/index

（3）确保服务器只在 Flask 程序被 Python 解释器直接执行的时候运行，而不在作为模块导入的时候执行的正确的 if 语句是（   ）。

  A. if _name_ == '_main_':   B. if name == 'main':

  C. if __name__ == '__main__': D. if __name__ == '__main__'

（4）Flask 程序开启调试模式有多种方法，以下不是开启调试模式的方法是（   ）。

  A. app.debug=True

  B. app.run(debug=True)

  C. 将 FLASK_DEBUG 环境变量的值设置为 1

  D. Flask 内置了调试模式，并且 Flask 会自动开启调试模式

（5）在 Flask 程序中给指定函数构造 URL 的函数名为（   ）。

  A. flask   B. url_for   C. route   D. render_template

（6）默认情况下，Flask 程序的模板文件需要放在（   ）文件夹中。

  A. templates B. static   C. html   D. app

（7）使用 Jinja 模板时，只需要使用（   ）方法传入模板文件名和参数名即可。

  A. route()   B. render_template()

  C. url_for()   D. run()

（8）以下 Flask 模板的基本结构中，用于装载一个变量的结构是（   ）。

  A. {% %}   B. {# #}   C. {{ }}   D. { }

（9）在 Flask 模板中，如果想让定义的变量只在某范围内有效，则需要使用（   ）语句定义变量，with 语句中定义的变量只能在 with 语句内部使用，超出范围无效。

  A. with   B. set   C. {{ }}   D. run

（10）在 Flask 程序中，用于重定向的方法是（   ）。

  A. route()   B. url_for()

  C. render_template()   D. redirect()

2. 填空题

（1）Flask 的两个主要核心应用是路由模块 Werkzeug 和_____。

（2）在 Flask 程序运行时，在浏览器中应输入的网址为"http://127.0.0.1:5000/"，程序中 route() 装饰器的正确写法是_____。

（3）在 Flask 程序中定义路由的一种最简便方式是使用程序实例提供的_____装饰器，

把修饰的函数注册为路由。

（4）request 对象是一个全局对象，利用它的属性和方法，可以方便地获取从页面传递过来的参数。该对象的_____属性用于返回 HTTP 的请求方式，例如 POST 和 GET。

（5）在 Flask 模板内部可以使用_____语句定义全局变量，只有变量定义之后的代码才可以使用这个变量。

（6）为了渲染模板，Flask 使用了一个名为"_____"的模板引擎。

3. 判断题

（1）Flask 相对于 Django 而言是轻量级的 Web 框架。　　　　　　　　　　（　　）

（2）创建 Flask 类的实例时，使用的参数为 __name__。　　　　　　　　　（　　）

（3）如果调用方法 run() 时需要指定服务器 IP 为 127.0.0.1、端口为 5000，则可以添加服务器 IP 和端口参数，完整的代码为：app.run(host='127.0.0.1'，port=5000)。　（　　）

（4）run() 方法适用于启动本地的服务器，但每次修改代码后都会自动重启服务器。

　　　　　　　　　　　　　　　　　　　　　　　　　　　　　　　　（　　）

（5）在 Flask 程序中需要使用 url_for() 函数并指定相应文件夹名称和静态文件名称。

　　　　　　　　　　　　　　　　　　　　　　　　　　　　　　　　（　　）

（6）Flask 模板的基本结构中用于添加一个注释的结构是 {% %}。　　　　　（　　）

（7）使用字典组织多个 Flask 模板参数时，需要通过两个"*"将其转换成关键字参数传入。

　　　　　　　　　　　　　　　　　　　　　　　　　　　　　　　　（　　）

（8）在 Jinja2 模板内部可以使用 set 语句定义全局变量，并且变量可以赋任何类型的值。　　　　　　　　　　　　　　　　　　　　　　　　　　　　　　　（　　）

（9）在 Flask 模板中，也可以使用 with 语句来创建一个局部变量，将 set 语句放在 with 语句内部，这样创建的变量也只在 with 语句内部有效。　　　　　　　　　（　　）

（10）Flask 的页面跳转方法 redirect() 就是 response 对象的页面跳转的封装。　（　　）

附录　下载与安装相关软件

附录 1　下载与安装 Python

附录 1

下载与安装 Python

附录 2　下载与安装 PyCharm

附录 2

下载与安装 PyCharm

附录 3　下载与安装 MySQL

附录 3

下载与安装 MySQL

参考文献

[1] 陈承欢, 汤梦姣.Python 程序设计任务驱动式教程（微课版）[M].北京:人民邮电出版社,2021.

[2] 明日科技.Python 编程锦囊 [M]. 长春：吉林大学出版社,2019.

[3] 黄锐军.Python 程序设计 [M]. 北京：高等教育出版社,2018.

[4] 明日科技.Python 从入门到项目实践 [M]. 长春：吉林大学出版社,2018.

[5] 王振世. 乐学 Python 编程 [M]. 北京：清华大学出版社,2019.